"十四五"职业教育国家规划教材

# 钳工工艺与技能训练

主　编　王高武　师　辉

副主编　颜怀瑞

北京理工大学出版社
BEIJING INSTITUTE OF TECHNOLOGY PRESS

## 内容简介

本书参照教育部及江苏联合职业技术学院机电专业协作委员会所制定的专业人才培养方案标准以及劳动部门职业资格等级标准（初、中级）或行业职业技能鉴定标准，结合近几年职业教育的实际教学情况，通过工作场景模拟、理论知识阐述和综合实训等环节，突出课程的基础要求和人才培养的实用性，形成以工作任务为导向，以培养职业技能为目标的项目教材，使学生能够全面掌握专业知识，具有实际操作技能。

本书采用项目式编写模式，在内容安排上由浅入深，通俗易懂，突出应用；贯彻"循序渐进""少而精""简单而实用""以图代理"的原则，有利于学生自学和教师教学；主要内容包括钳工技术基础、划线、錾削、锉削、锯削、钻削、攻螺纹、套螺纹、综合训练等。

本书是江苏联合职业技术学院数控技术专业的教材，也可作为高等职业学校机械类、机电技术应用类和数控技术类、汽车运用与维修类课程教材，还可作为岗位技能等级鉴定（初、中级）培训教材。

**版权专有　侵权必究**

### 图书在版编目（CIP）数据

钳工工艺与技能训练 / 王高武，师辉主编. —北京：北京理工大学出版社，2020.2 （2024.7 重印）

ISBN 978 – 7 – 5682 – 8125 – 6

Ⅰ. ①钳… Ⅱ. ①王… ②师… Ⅲ. ①钳工 – 工艺学 – 高等职业教育 – 教材 Ⅳ. ①TG9

中国版本图书馆 CIP 数据核字（2020）第 021686 号

| | |
|---|---|
| 出版发行 / 北京理工大学出版社有限责任公司 | |
| 社　　址 / 北京市海淀区中关村南大街 5 号 | |
| 邮　　编 / 100081 | |
| 电　　话 /（010）68914775（总编室） | |
| 　　　　　（010）82562903（教材售后服务热线） | |
| 　　　　　（010）68944723（其他图书服务热线） | |
| 网　　址 / http：//www.bitpress.com.cn | |
| 经　　销 / 全国各地新华书店 | |
| 印　　刷 / 涿州市新华印刷有限公司 | |
| 开　　本 / 787 毫米 × 1092 毫米　1/16 | |
| 印　　张 / 10.75 | 责任编辑 / 梁铜华 |
| 字　　数 / 247 千字 | 文案编辑 / 梁铜华 |
| 版　　次 / 2020 年 2 月第 1 版　2024 年 7 月第 4 次印刷 | 责任校对 / 刘亚男 |
| 定　　价 / 34.00 元 | 责任印制 / 李志强 |

图书出现印装质量问题，请拨打售后服务热线，本社负责调换

# 江苏联合职业技术学院院本教材出版说明

　　江苏联合职业技术学院自成立以来，坚持以服务经济社会发展为宗旨、以促进就业为导向的职业教育办学方针，紧紧围绕江苏经济社会发展对高素质技术技能型人才的迫切需要，充分发挥"小学院、大学校"办学管理体制创新优势，依托学院教学指导委员会和专业协作委员会，积极推进校企合作、产教融合，积极探索五年制高职教育教学规律和高素质技术技能型人才成长规律，培养了一大批能够适应地方经济社会发展需要的高素质技术技能型人才，形成了颇具江苏特色的五年制高职教育人才培养模式，实现了五年制高职教育规模、结构、质量和效益的协调发展，为构建江苏现代职业教育体系、推进职业教育现代化做出了重要贡献。

　　我国社会的主要矛盾已经转化为人们日益增长的美好生活需要与发展不平衡不充分之间的矛盾，因此我们只有实现更高水平、更高质量、更高效益、更加平衡、更加充分的发展，才能全面实现新时代中国特色社会主义建设的宏伟蓝图。五年制高职教育的发展必须服从服务于国家发展战略，以不断满足人们对美好生活需要为追求目标，全面贯彻党的教育方针，全面深化教育改革，全面实施素质教育，全面落实立德树人根本任务，充分发挥五年制高职贯通培养的学制优势，建立和完善五年制高职教育课程体系，健全德能并修、工学结合的育人机制，着力培养学生的工匠精神、职业道德、职业技能和就业创业能力，创新教育教学方法和人才培养模式，完善人才培养质量监控评价制度，不断提升人才培养质量和水平，努力办好人民满意的五年制高职教育，为决胜全面建成小康社会、实现中华民族伟大复兴的中国梦贡献力量。

　　教材建设是人才培养工作的重要载体，也是深化教育教学改革、提高教学质量的重要基础。目前，五年制高职教育教材建设规划性不足、系统性不强、特色不明显等问题一直制约着内涵发展、创新发展和特色发展的空间。为切实加强学院教材建设与规范管理，不断提高学院教材建设与使用的专业化、规范化和科学化水平，学院成立了教材建设与管理工作领导小组和教材审定委员会，统筹领导、科学规划学院教材建设与管理工作，制定了《江苏联合职业技术学院教材建设与使用管理办法》和《关于院本教材开发若干问题的意见》，完善了教材建设与管理的规章制度；每年滚动修订《五年制高等职业教育教材征订目录》，统一组织五年制高职教育教材的征订、采购和配送；编制了学院"十三五"院本教材建设规划，组织18个专业和公共基础课程协作委员会推进了院本教材开发，建立了一支院本教材开发、编写、审定队伍；创建了江苏五年制高职教育教材研发基地，与江苏凤凰职业教育图书有限公司、苏州大学出版社、北京理工大学出版社、南京大学出版社、上海交通大学出版社等签订了战略合作协议，协同开发独具五年制高职教育特色的院本教材。

　　今后一个时期，学院将在推动教材建设和规范管理工作的基础上，紧密结合五年制高职教育发展新形势，主动适应江苏地方社会经济发展和五年制高职教育改革创新的需要，以学院 18 个专业协作委员会和公共基础课程协作委员会为开发团队，以江苏五年制高职教育教材研发基地为开发平台，组织具有先进教学思想和学术造诣较高的骨干教师，依照学院院本教材建设规划，重点编写和出版约 600 本有特色、能体现五年制高职教育教学改革成果的院本教材，努力形成具有江苏五年制高职教育特色的院本教材体系。同时，加强教材建设质量管理，树立精品意识，制订五年制高职教育教材评价标准，建立教材质量评价指标体系，开展教材评价评估工作，设立教材质量档案，加强教材质量跟踪，确保院本教材的先进性、科学性、人文性、适用性和特色性建设。学院教材审定委员会将组织各专业协作委员会做好对各专业课程（含技能课程、实训课程、专业选修课程等）教材出版前的审定工作。

本套院本教材较好地吸收了江苏五年制高职教育最新理论和实践研究成果，符合五年制高职教育人才培养目标定位要求。教材内容深入浅出，难易适中，突出"五年贯通培养、系统设计"专业实践技能经验的积累，重视启发学生思维和培养学生运用知识的能力。教材条理清楚、层次分明、结构严谨、图表美观、文字规范，是一套专门针对五年制高职教育人才培养的教材。

学院教材建设与管理工作领导小组<br>
学院教材审定委员会<br>
2017 年 11 月

# 序　言

　　加快建设世界重要人才中心和创新高地及建设人才力量，努力培养造就更多战略科学家、一流科技领军人才和创新团队、青年科技人才、卓越工程师以及高技能人才，为党育人，为国育才，全面提高人才培养质量，深入实施人才强国战略，提高国家制造业创新能力，重点增强学生的综合素质，培养学生高技能水平，服务社会主义现代化建设工作，本教材是实现这一发展战略的重要途径之一。

　　为全面贯彻国家对于高技能人才的培养精神，提升五年制高等职业教育机电类专业教学质量，深化江苏联合职业技术学院机电类专业教学改革成果，并最大限度地共享这一优秀成果，学院机电专业协作委员会特组织优秀教师及相关专家，全面、优质、高效地修订及新开发了本系列规划教材，并配备了数字化教学资源，以适应当前的信息化教学需求。

　　本系列教材所具特色如下：

- 教材培养目标、内容结构符合教育部及学院专业标准中制定的各课程人才培养目标及相关标准规范。
- 教材力求简洁、实用，编写上兼顾现代职业教育的创新发展及传统理论体系，并使之完美结合。
- 教材内容反映了工业发展的最新成果，所涉及的标准规范均为最新国家标准或行业规范。
- 教材编写形式新颖，教材栏目设计合理，版式美观，图文并茂，体现了职业教育工学结合的教学改革精神。
- 教材配备相关的数字化教学资源，体现了学院信息化教学的最新成果。

　　本系列教材在组织编写过程中得到了江苏联合职业技术学院各位领导的大力支持与帮助，并在学院机电专业协作委员会全体成员的一直努力下顺利完成了出版任务。由于各参与编写作者及编审委员会专家时间相对仓促，加之行业技术更新较快，教材中难免有不当之处，敬请广大读者予以批评指正，在此一并表示感谢！我们将不断完善与提升本系列教材的整体质量，使其更好地服务于学院机电专业及全国其他高等职业院校相关专业的教育教学，为培养新时期下的高技能人才做出应有的贡献。

江苏联合职业技术学院机电协作委员会<br>
2017 年 12 月

# 前　言

钳工是起源最早、技术性最强的工种之一。随着各种机床的发展和普及，虽然大部分钳工操作逐渐实现了机械化和自动化，但在机械制造过程中钳工仍然是广泛应用的基础技能，主要用于以机械加工方法不适宜或难以解决问题的场合，是现代机械制造业中不可缺少的工种。

本教材是由来自教学工作一线的骨干教师和学科带头人，根据他们多年的实践教学经验和本课程国家课程标准的要求，通过企业调研并参照国家劳动和社会保障部最新颁布实施的《国家职业标准》，结合加工制造类相关专业学生的基本情况，在企业技术人员的积极参与下进行编写的。

本教材采用项目化教学法，介绍了钳工技术基础、划线、錾削、锉削、钻孔、攻螺纹、套螺纹、综合训练等内容。训练内容中注重新知识、新技术、新工艺、新方法的介绍与训练，旨在为学生的后续学习与发展打好基础。

本教材的主要特色：

1. 凸显职业教育特色。以工作任务为导向，根据高等职业学校加工制造类相关专业学生即将面向的职业岗位群对技能人才提出的相关职业素养要求来组织钳工项目课程的结构与内容。降低钳工理论阐述的难度，突出钳工技能的培养与训练。

2. 根据高等职业学校加工制造类相关专业毕业生将从事的职业岗位（群）要求，删除原教学内容中"难、繁、深、旧"的部分，按"简洁实用、够用，兼顾发展"的原则组织课程内容。

3. 体现以职业能力为目标的职教理念。为贯彻落实党的二十大精神，本教材以学生的"行动能力"为出发点组织内容，合理选取训练项目，以项目训练为主线，由浅入深、循序渐进，内容的安排符合学生的认知规律。各训练项目包括项目提出、项目分析、项目实施、项目总结和拓展案例等，通过综合训练项目的选择与学习，使学生将前面所学到的基本技能实现综合应用和训练，为培养本学科的综合应用能力以及为后续其他课程的学习打下良好的基础。

4. 注重实训教学的效果评价，遵循形成性评价和终结性评价相结合的原则，对学生的实训成绩进行全过程评价。

本书参考学时为60个，各项目的参考授课计划如下：

| 项目 | 实训内容 | 建议学时/个 |
|---|---|---|
| 项目1 钳工入门 | 钳工常用设备 | 4 |
| | 钳工常用工具 | |
| | 钳工常用量具 | |
| | 钳工安全生产操作规程 | |
| | 游标卡尺原理、使用及维护 | |
| | 千分尺原理、使用及维护 | |
| | 万能角度尺原理、使用及维护 | |
| | 百分表原理、使用及维护 | |
| 项目2 平面划线 | 常用划线工具及其使用方法 | 2 |
| | 划线的操作要领及步骤 | |
| | 划线过程中的注意事项 | |
| | 立体划线 | |
| 项目3 平面錾削 | 常用錾削工具 | 4 |
| | 平面錾削操作要领及步骤 | |
| | 錾削的注意事项 | |
| | 板材的錾削和沟槽的錾削 | |
| 项目4 平面锉削 | 锉削工具及其选用 | 4 |
| | 锉削操作要领 | |
| | 锉削表面质量检测 | |
| | 锉削的注意事项 | |
| | 曲面锉削 | |
| 项目5 锯削 | 锯削的工具及其使用 | 2 |
| | 锯削的动作要领 | |
| | 锯削的操作方法 | |
| | 锯削的注意事项 | |
| | 棒料、薄管、深缝、薄板的锯削 | |
| 项目6 钻孔 | 常用钻床及辅件简介 | 4 |
| | 麻花钻的组成、功用 | |
| | 钻孔的操作要领 | |
| | 钻孔的注意事项 | |
| | 钻孔质量分析及预防方法 | |
| | 麻花钻的刃磨及检测 | |

续表

| 项目 | 实训内容 | 建议学时/个 |
|---|---|---|
| 项目7 扩孔、锪孔及铰孔 | 扩孔、锪孔、铰孔的作用及形式 | 2 |
| | 扩孔、锪孔、铰孔的操作方法 | |
| | 扩孔、锪孔、铰孔的注意事项 | |
| | 操作步骤 | |
| | 机用铰孔介绍 | |
| 项目8 攻螺纹 | 攻螺纹的工具及辅具 | 2 |
| | 攻螺纹的操作要领 | |
| | 攻螺纹的注意事项 | |
| | 内螺纹的检测 | |
| | 用台式攻丝机攻螺纹 | |
| 项目9 套螺纹 | 套螺纹的工具及辅件 | 2 |
| | 套螺纹的操作要领 | |
| | 套螺纹的注意事项 | |
| | 外螺纹的检测 | |
| | 螺纹基本知识 | |
| 项目10 综合训练 | 锉削四边形/锉削正三边形 | 4/4 |
| | 锉削钢六角/锉削正五边形 | 6/4 |
| | 钢直角块制作/锉削凸形件 | 6/4 |
| | 斜滑块制作/斜限位块制作 | 4/6 |
| | 燕尾板制作/双燕尾板加工 | 6/4 |
| | 凸、凹件配合制作/单斜配合副制作 | 4/6 |
| | 燕尾镶配件制作/燕尾弧样板副制作 | 4/6 |
| 合计 | | 60 |

本教材由王高武（江苏省泗阳中等专业学校）、师辉（江苏省丰县中等专业学校）担任主编，颜怀瑞（江苏省泗阳中等专业学校）担任副主编，李大朋（江苏省泗阳中等专业学校）、伏正言（无锡立信分院）参编。本教材由江苏联合职业技术学院泰兴分院李晓男教授担任主审。

在本书编写过程中，得到了北京理工大学出版社及江苏联合职业技术学院泰兴分院李晓男教授和学校有关领导的支持和帮助，对此我们表示衷心的感谢。

由于时间仓促，加之编写经验、水平有限，书中难免存在不足和疏漏之处，敬请读者批评指正，以求再版时予以纠正完善。

编 者
2019 年 11 月

# 目 录

项目1　钳工入门 ……………………………………………………………… 1
　1.1　项目提出 …………………………………………………………………… 1
　1.2　项目分析 …………………………………………………………………… 1
　1.3　项目实施 …………………………………………………………………… 1
　　1.3.1　钳工常用设备 ………………………………………………………… 1
　　1.3.2　钳工常用工具 ………………………………………………………… 3
　　1.3.3　钳工常用量具 ………………………………………………………… 5
　　1.3.4　钳工安全生产操作规程 ……………………………………………… 8
　1.4　项目总结 ……………………………………………………………………10
　1.5　拓展案例 ……………………………………………………………………10
　　1.5.1　游标卡尺原理、使用及维护 …………………………………………10
　　1.5.2　千分尺原理、使用及维护 ……………………………………………12
　　1.5.3　万能角度尺原理、使用及维护 ………………………………………14
　　1.5.4　百分表原理、使用及维护 ……………………………………………16

项目2　平面划线 ………………………………………………………………21
　2.1　项目提出 ……………………………………………………………………21
　2.2　项目分析 ……………………………………………………………………21
　2.3　项目实施 ……………………………………………………………………22
　　2.3.1　常用划线工具及其使用方法 …………………………………………22
　　2.3.2　划线的操作要领及步骤 ………………………………………………24
　　2.3.3　划线过程中的注意事项 ………………………………………………27
　2.4　项目总结 ……………………………………………………………………28
　2.5　拓展案例——立体划线 ……………………………………………………28

项目3　平面錾削 ………………………………………………………………31
　3.1　项目提出 ……………………………………………………………………31
　3.2　项目分析 ……………………………………………………………………32
　3.3　项目实施 ……………………………………………………………………32

# 目录

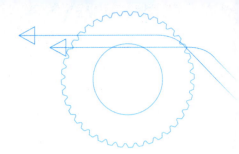

  3.3.1 常用錾削工具 …… 32
  3.3.2 平面錾削操作要领及步骤 …… 33
  3.3.3 錾削的注意事项 …… 35
 3.4 项目总结 …… 35
 3.5 拓展案例——板材的錾削和沟槽的錾削 …… 36
  3.5.1 小而薄的板材 …… 36
  3.5.2 面积较大的板材 …… 36
  3.5.3 工件轮廓较复杂的板材 …… 36
  3.5.4 直槽的錾削 …… 37
  3.5.5 油槽的錾削 …… 37

## 项目 4  平面锉削 …… 38
 4.1 项目提出 …… 38
 4.2 项目分析 …… 39
 4.3 项目实施 …… 39
  4.3.1 锉削工具及其选用 …… 39
  4.3.2 锉削操作要领 …… 41
  4.3.3 锉削表面质量检测 …… 46
  4.3.4 锉削的注意事项 …… 49
  4.3.5 操作步骤 …… 49
 4.4 项目总结 …… 50
 4.5 拓展案例——曲面锉削 …… 50
  4.5.1 曲面锉削的方法 …… 50
  4.5.2 曲面线轮廓度的检查方法 …… 52

## 项目 5  锯削 …… 53
 5.1 项目提出 …… 53
 5.2 项目分析 …… 54
 5.3 项目实施 …… 54

| | |
|---|---|
| 5.3.1 锯削的工具及其使用 | 54 |
| 5.3.2 锯削的动作要领 | 55 |
| 5.3.3 锯削的操作方法 | 57 |
| 5.3.4 锯削的注意事项 | 58 |
| 5.4 项目总结 | 59 |
| 5.5 拓展案例——棒料、薄管、深缝、薄板的锯削 | 59 |
| 5.5.1 棒料的锯削 | 59 |
| 5.5.2 薄管的锯削 | 60 |
| 5.5.3 深缝的锯削 | 60 |
| 5.5.4 薄板的锯削 | 60 |

## 项目6 钻孔 …… 61

| | |
|---|---|
| 6.1 项目提出 | 61 |
| 6.2 项目分析 | 62 |
| 6.3 项目实施 | 62 |
| 6.3.1 常用钻床及辅件简介 | 62 |
| 6.3.2 麻花钻的组成、功用 | 65 |
| 6.3.3 钻孔的操作要领 | 66 |
| 6.3.4 钻孔的注意事项 | 68 |
| 6.3.5 钻孔质量分析及预防方法 | 68 |
| 6.4 项目总结 | 70 |
| 6.5 拓展案例——麻花钻的刃磨及检测 | 71 |
| 6.5.1 麻花钻刃磨的要求 | 71 |
| 6.5.2 麻花钻刃磨的方法 | 71 |
| 6.5.3 麻花钻刃磨的检测 | 71 |

## 项目7 扩孔、锪孔及铰孔 …… 73

| | |
|---|---|
| 7.1 项目提出 | 73 |
| 7.2 项目分析 | 73 |
| 7.3 项目实施 | 74 |
| 7.3.1 扩孔、锪孔、铰孔的作用及形式 | 74 |
| 7.3.2 扩孔、锪孔、铰孔的操作方法 | 76 |
| 7.3.3 扩孔、锪孔、铰孔的注意事项 | 77 |
| 7.3.4 操作步骤 | 77 |

# 目录

7.4 项目总结 ………………………………………………………… 79
7.5 拓展案例——机用铰孔介绍 …………………………………… 80
　　7.5.1 机铰刀介绍 …………………………………………… 80
　　7.5.2 机用铰孔的加工方法 ………………………………… 80
　　7.5.3 机用铰孔加工的注意事项 …………………………… 80

## 项目8 攻螺纹 …………………………………………………………… 81
8.1 项目提出 ………………………………………………………… 81
8.2 项目分析 ………………………………………………………… 81
8.3 项目实施 ………………………………………………………… 82
　　8.3.1 攻螺纹的工具及辅具 ………………………………… 82
　　8.3.2 攻螺纹的操作要领 …………………………………… 84
　　8.3.3 攻螺纹的注意事项 …………………………………… 87
　　8.3.4 内螺纹的检测 ………………………………………… 88
8.4 项目总结 ………………………………………………………… 89
8.5 拓展案例——用台式攻丝机攻螺纹 …………………………… 89
　　8.5.1 台式攻丝机介绍 ……………………………………… 89
　　8.5.2 台式攻丝机的操作要领 ……………………………… 90
　　8.5.3 台式攻丝机的安全使用规程 ………………………… 92

## 项目9 套螺纹 …………………………………………………………… 94
9.1 项目提出 ………………………………………………………… 94
9.2 项目分析 ………………………………………………………… 94
9.3 项目实施 ………………………………………………………… 95
　　9.3.1 套螺纹的工具及辅件 ………………………………… 95
　　9.3.2 套螺纹的操作要领 …………………………………… 96
　　9.3.3 套螺纹的注意事项 …………………………………… 98
　　9.3.4 外螺纹的检测 ………………………………………… 98
9.4 项目总结 ………………………………………………………… 100
9.5 拓展案例——螺纹基本知识 …………………………………… 101
　　9.5.1 螺纹的定义 …………………………………………… 101
　　9.5.2 螺纹各部分的名称 …………………………………… 101
　　9.5.3 常用螺纹的种类、代号及用途 ……………………… 102
　　9.5.4 普通螺纹的标记及标注方法 ………………………… 102
　　9.5.5 螺纹旋向的判别 ……………………………………… 102

# 目 录

## 项目10　综合训练　105
### 10.1　锉削四边形　105
- 10.1.1　任务提出　105
- 10.1.2　任务分析　106
- 10.1.3　任务实施　106
- 10.1.4　任务总结　108
- 10.1.5　案例拓展——锉削正三边形　109

### 10.2　锉削钢六角　110
- 10.2.1　任务提出　110
- 10.2.2　任务分析　110
- 10.2.3　任务实施　111
- 10.2.4　任务总结　113
- 10.2.5　拓展案例——锉削正五边形　114

### 10.3　钢直角块制作　116
- 10.3.1　任务提出　116
- 10.3.2　任务分析　116
- 10.3.3　任务实施　117
- 10.3.4　任务总结　120
- 10.3.5　案例拓展——锉削凸形件　121

### 10.4　斜滑块制作　122
- 10.4.1　任务提出　122
- 10.4.2　任务分析　122
- 10.4.3　任务实施　123
- 10.4.4　任务总结　126
- 10.4.5　案例拓展——斜限位块制作　127

### 10.5　燕尾板制作　129
- 10.5.1　任务提出　129
- 10.5.2　任务分析　130
- 10.5.3　任务实施　130
- 10.5.4　任务总结　133
- 10.5.5　案例拓展——双燕尾板加工　134

### 10.6　凸、凹件配合制作　136
- 10.6.1　任务提出　136

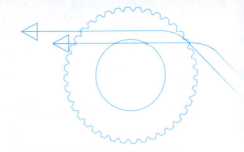

## 目 录 >>>

  10.6.2　任务分析　……………………………………………………………　137
  10.6.3　任务实施　……………………………………………………………　137
  10.6.4　任务总结　……………………………………………………………　142
  10.6.5　案例拓展——单斜配合副制作　……………………………………　143
 10.7　燕尾镶配件制作　…………………………………………………………　145
  10.7.1　任务提出　……………………………………………………………　145
  10.7.2　任务分析　……………………………………………………………　145
  10.7.3　任务实施　……………………………………………………………　146
  10.7.4　任务总结　……………………………………………………………　150
  10.7.5　案例拓展——燕尾弧样板副制作　…………………………………　151
**参考文献**　………………………………………………………………………………　154

钳工的主要工作

项目1 钳工入门

大国工匠

**素质目标：**
1. 培养学生的安全意识、节约意识和低碳环保意识；
2. 增强学生的专业自信和工匠精神；
3. 树立学生的质量意识和严谨务实的工作作风。

**知识目标：**
1. 掌握钳工常用设备和工具及量具；
2. 掌握各种工量具的原理及使用；
3. 根据零件精度要求不同，能正确选择量具。

**能力目标：**
1. 识别钳工常用设备并能正确选用；
2. 具备各种工量具的使用能力；
3. 对各种工量具能正确进行维护；
4. 具备钳工常用设备并掌握使用技巧。

## 1.1 项目提出

随着机械工业的发展，钳工的工作范围越来越广泛，需要掌握的理论知识和操作技能也越来越复杂，主要用于以机械加工方法不适宜或难以解决问题的场合，是现代机械制造业中不可缺少的工种。钳工工作主要以手工方法，利用各种工具和常用设备对金属进行加工。了解钳工的工作范围、使用设备和工量具，是学习钳工必备的知识。

## 1.2 项目分析

一部机器的制造，从原材料到成品之间要进行一系列加工。在这个过程中，钳工工作有着极其重要的作用。需要利用各种工具、夹具、量具、模具和各种专用设备，按照技术要求对工件进行加工、修整、装配等，所以掌握常用设备和工量具的原理、使用方法和作用尤为重要。

## 1.3 项目实施

### 1.3.1 钳工常用设备

钳工常用设备

钳工常用的设备可分为主要设备（钳台、台虎钳、平口钳、砂轮机）、常用钻床等。其图例、功用与相关知识分别见表1-1、表1-2。

表1-1 钳工主要设备简介

| 名称 | 图例 | 功用与相关知识 |
| --- | --- | --- |
| 钳台 |  （a）长方形钳台 　（b）六角形钳台 | 钳台也称钳工台或钳桌，主要用来安装台虎钳。台面一般为长方形、六角形等，其长、宽尺寸由工作需要确定，高度一般以800~900 mm为宜 |
| 台虎钳 | 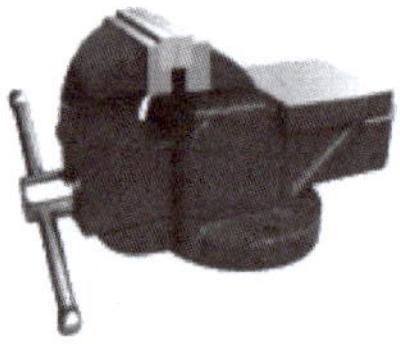 固定式台虎钳 　回转式台虎钳（固定钳口、活动钳口、螺母、丝杠、夹紧手柄、夹紧盘、转盘座） 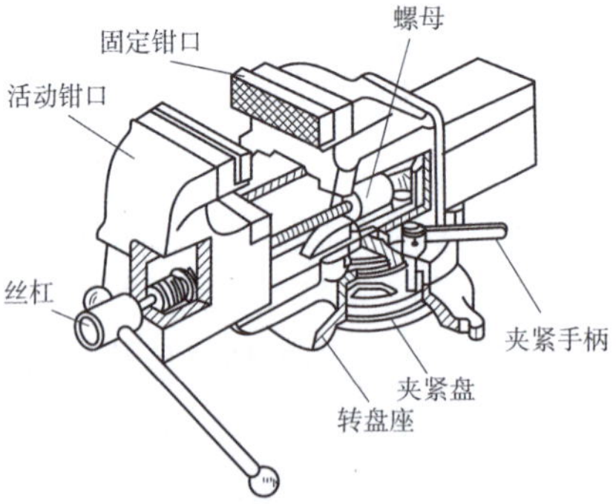 | 台虎钳是用来夹持工件的通用夹具。在钳台上安装台虎钳时，必须使固定钳身的钳口工作面处于钳台边缘之外，台虎钳必须牢固地固定在钳台上，两个固定螺钉必须扳紧 |
| 平口钳 |   | 平口钳的结构、分类、工作原理等与台虎钳相似，主要作为通用夹具使用。一般配合钻床在钻孔时用于装夹工件 |
| 砂轮机 |   | 砂轮机主要用来磨削各种刀具或工具，如磨削錾子、钻头、刮刀、样冲、划针等，也可刃磨其他刀具 |

表1-2 钳工常用钻床

| 名称 | 图例 | 功用与相关知识 |
|---|---|---|
| 台式钻床（台钻） |  | 台钻转速高，使用灵活，效率高，适用于中小工件的钻孔。由于其最低转速较高，故不适宜进行锪孔和铰孔。钻孔时，拨动手柄使主轴上下移动，实现进给和退刀。钻孔深度通过调节标尺杆上的螺母来控制。一般台钻有五挡不同的主轴转速，可通过安装在电动机主轴和钻床主轴上的一组V带轮来变换主轴转速$n$ |
| 立式钻床 |  | 立式钻床适宜加工小批、单件的中型工件。由于主轴变速和进给量调整范围较大，因此可进行钻孔、锪孔、铰孔和攻螺纹等加工。通过操纵手柄，使进给变速箱沿立柱导轨上下移动，从而调节主轴至工作台的距离。摇动工作台手柄，也可使工作台沿立柱导轨上下移动，以适应不同尺寸的加工。在钻削大工件时，可将工作台拆除，将工件直接固定在底座上加工。最大钻孔直径有25 mm、35 mm、40 mm、50 mm等几种 |
| 摇臂钻床 |  | 摇臂钻床的主轴变速范围和进给量调整范围广，所以加工范围广泛，可用于钻孔、扩孔、锪孔、铰孔和攻螺纹等加工。摇臂钻床操作灵活省力，钻孔时，摇臂可沿立柱上下升降，绕立柱回转360°。主轴变速箱可沿摇臂导轨做大范围移动，便于钻孔时找正钻头的加工位置。摇臂和主轴变速箱位置调整结束后，必须锁紧，防止钻孔时产生摇晃而发生事故。可在大型工件上钻孔或在同一工件上钻多孔，最大钻孔直径可达80 mm |

### 1.3.2 钳工常用工具

钳工常用工具（表1-3）有手锤、螺丝刀、扳手、手钳等。锉刀、手锯、丝锥、板牙、划线工具等在后面项目中详细介绍。

钳工常用工量具

表1-3 钳工常用工具

| 名称 | 图例 | 功用与相关知识 |
| --- | --- | --- |
| 手锤 |  金属手锤 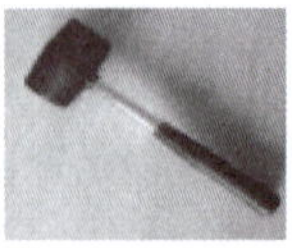　　非金属手锤 | 手锤是用来敲击的工具，有金属手锤和非金属手锤两种。常用金属手锤有钢锤和铜锤两种；常用非金属手锤有塑胶锤、橡胶锤、木锤等。手锤的规格是以锤头的质量来表示的，如 0.5 kg、1 kg 等 |
| 螺丝刀 |  | 螺丝刀的主要作用是旋紧或松退螺丝。常见的螺丝刀有一字形螺丝刀、十字形螺丝刀和双弯头形螺丝刀三种 |
| 固定扳手 |  | 固定扳手主要是旋紧或松退固定尺寸的螺栓或螺帽。常见的固定扳手有单口扳手、梅花扳手、梅花开口扳手及双开口扳手等。固定扳手的规格是以钳口开口的宽度标识的 |
| 活动扳手 |  | 活动扳手钳口的尺寸在一定的范围内可自由调整，用来旋紧或松退螺栓、螺帽。活动扳手的规格是以扳手全长尺寸标识的 |
| 管扳手 |  | 管扳手钳口有条状齿，常用于旋紧或松退圆管、磨损的螺帽或螺栓。管扳手的规格是以扳手全长尺寸标识的 |
| 特殊扳手 | 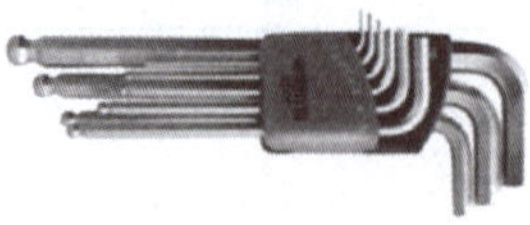  | 为了某种目的而设计的扳手称为特殊扳手。常见的特殊扳手有六角扳手、T形夹头扳手及扭力扳手等 |

续表

| 名称 | 图例 | 功用与相关知识 |
|---|---|---|
| 夹持用手钳 |   | 夹持用手钳的主要作用为夹持材料或工件 |
| 夹持剪断用手钳 |  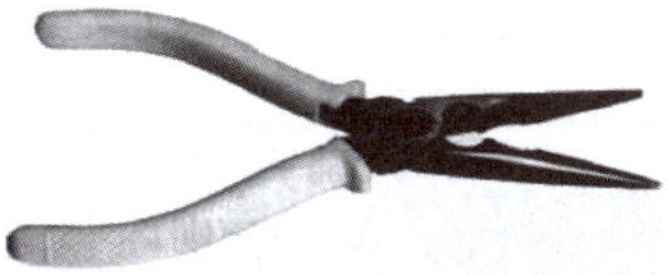 | 常见的夹持剪断用手钳有侧剪钳和尖嘴钳两种。夹持剪断用手钳的主要作用除可夹持材料或工件外，还可用来剪断小型物件（如钢丝、电线等） |
| 拆装扣环用卡环手钳 | 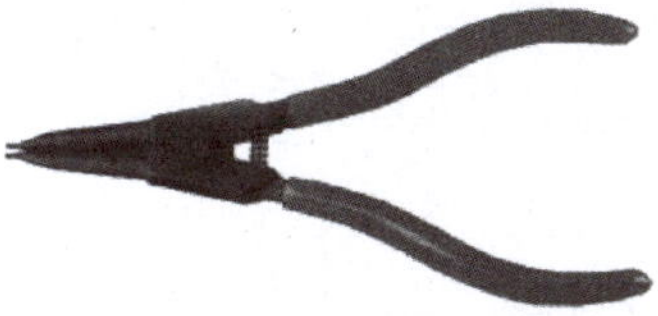  | 拆装扣环用卡环手钳有直轴用卡环手钳和套筒用卡环手钳两种。拆装扣环用卡环手钳的主要作用是装拆扣环，即可将扣环张开套入或移出环状凹槽 |
| 特殊手钳 | 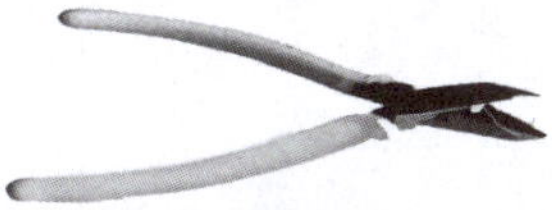 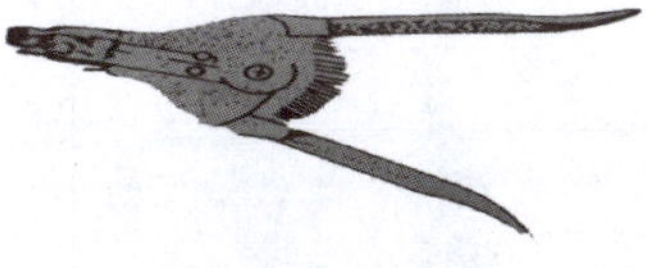  | 常用的特殊手钳有剪切薄板、钢丝、电线的斜口钳，剥除电线外皮的剥皮钳，夹持扁物的扁嘴钳，夹持大型筒件的链管钳等 |

### 1.3.3 钳工常用量具

钳工基本操作中常用的量具有钢直尺、刀口形直尺、内外卡钳、游标卡尺、千分尺、直角尺、量角器、厚薄规、量块、百分表等。钳工常用量具的名称、图例与功用见表1-4。

表1-4 钳工常用量具的名称、图例与功用

| 名称 | 图例 | 功用 |
|---|---|---|
| 钢直尺 |  | 钢直尺是常用量具中最简单的一种量具,可用来测量工件的长度、宽度、高度和深度等。规格有150 mm、300 mm、500 mm和1 000 mm四种 |
| 刀口形直尺 |  | 刀口形直尺主要用于检验工件的直线度和平面度误差 |
| 卡钳 | (a)内卡钳　(b)外卡钳 | 卡钳是一种间接测量的简单量具,不能直接测量出长度数值,必须与钢直尺或其他带有刻度值的量具一起使用。卡钳分为内卡钳和外卡钳两种。内卡钳可测量内尺寸;外卡钳可测量外尺寸 |
| 游标卡尺 | (a)游标卡尺　(b)高度游标卡尺　(c)深度游标卡尺 | 游标卡尺是一种中等精密度的量具,可以直接测量出工件的外径、孔径、长度、宽度、深度和孔距等的尺寸 |

续表

| 名称 | 图例 | 功用 |
|---|---|---|
| 千分尺 | 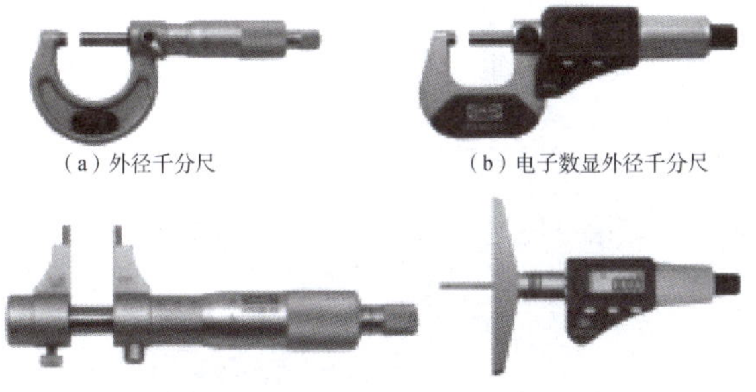 (a) 外径千分尺　　(b) 电子数显外径千分尺<br>(c) 内径千分尺　　(d) 深度千分尺 | 千分尺是一种精密量具，它的精度比游标卡尺高，而且比较灵敏。因此，一般用来测量精度要求较高的尺寸 |
| 直角尺 |  | 常用的有刀口形角尺和宽座角尺等，可用来检验零部件的垂直度及用作划线的辅助工具 |
| 量角器（万能角度尺） | 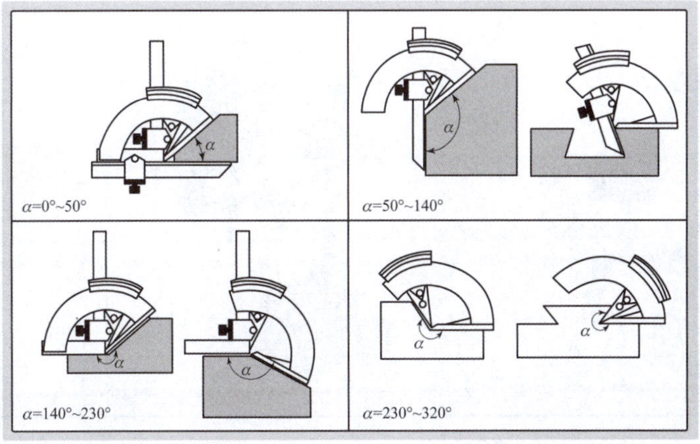 α=0°~50°　　α=50°~140°<br>α=140°~230°　　α=230°~320° | （万能游标）量角器又称万能角度尺，是用来测量工件内外角度的量具。按游标的测量精度可分为2′和5′两种，其示值误差分别为±2′和±5′，测量范围是0°~320° |

续表

| 名称 | 图例 | 功用 |
|---|---|---|
| 厚薄规（塞尺） |  | 厚薄规（又叫塞尺或间隙片）是用来检验两个结合面之间间隙大小的片状量规 |
| 量块 |  | 量块是机械制造业中长度尺寸的标准。量块可对量具和量仪进行校正检验，也可以用于精密划线和精密机床的调整。量块与有关附件并用时，可以用于测量某些精度要求高的尺寸 |
| 百分表 | 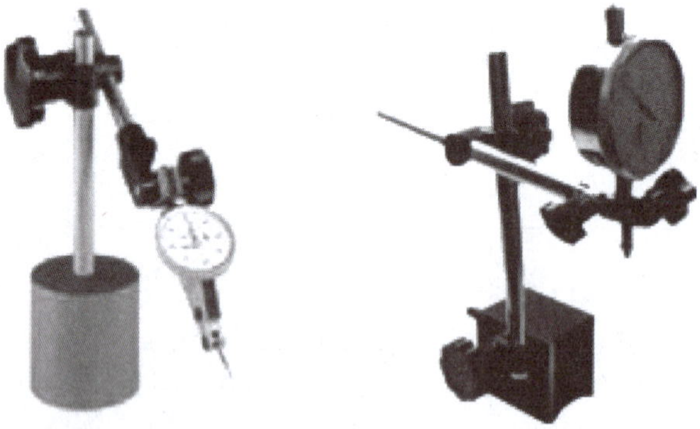 | 百分表可用来检验机床精度和测量工件的尺寸、形状及位置误差等，必须与表座一起使用 |

## 1.3.4 钳工安全生产操作规程

**1. 设备操作安全规程**

（1）台虎钳的安全操作注意事项

1）夹紧工件时只允许依靠手的力量扳紧手柄，不能用手锤敲击手柄或

钳工安全文明生产要求

随意套上长管子扳手柄，以免丝杠、螺母或钳身因受力过大而被损坏。

2）强力作业时，应尽量使力朝向固定钳身，否则丝杠和螺母会因受到较大的力而导致螺纹损坏。

3）不要在活动钳身的光滑平面上敲击工件，以免降低它与固定钳身的配合性能。

4）丝杠、螺母和其他活动表面，都应保持清洁并经常加油润滑和防锈，以延长使用寿命。

（2）砂轮机的安全操作注意事项

砂轮机主要由砂轮、机架和电动机组成。工作时，砂轮的转速很高，很容易因系统不平衡而造成砂轮机的振动，因此要做好平衡调整工作，使其在工作中平稳旋转。由于砂轮质硬且脆，如使用不当容易产生砂轮碎裂而造成事故。因此，使用砂轮机时要严格遵守以下安全操作注意事项：

1）砂轮的旋转方向要正确，使磨屑向下飞离，不致伤人。

2）砂轮机起动后，要等砂轮转速平稳后再开始磨削，若发现砂轮跳动明显，应及时停机修整。

3）砂轮机的搁架与砂轮间的距离应保持在3mm以内，以防磨削件轧入，造成事故。

4）在磨削过程中，操作者应站在砂轮的侧面或斜侧面，不要站在正对面。

**2. 常用工具操作安全规程**

（1）手锤使用注意事项

1）对于精制工件表面或硬化处理后的工件表面，应使用软面锤，以避免损伤工件表面。

2）手锤使用前应仔细检查锤头与锤柄是否紧密连接，以免使用时锤头与锤柄脱离，造成意外事故。

3）手锤锤头边缘若有毛边，应先磨除，以免破裂时造成伤害。使用手锤时应配合工作性质，合理选择手锤的材质、规格和形状。

（2）螺丝刀使用注意事项

1）根据螺丝的槽宽选用螺丝刀。大小不合的螺丝刀不但无法承受旋转力，而且也容易损伤钉槽。

2）不可将螺丝刀当作錾子、杠杆或划线工具使用。

（3）扳手使用注意事项

1）根据工作性质选用适当的扳手，尽量使用固定扳手，少用活动扳手。

2）各种扳手的钳口宽度与钳柄长度有一定的比例，故不可加套管或用不正当的方法延长。

3）选用固定扳手时，钳口宽度应与螺帽宽度相当，以免损伤螺帽。

4）使用活动扳手时，应向活动钳口方向旋转，使固定钳口受主要的力。

5）扳手钳口若有损伤，应及时更换，以保证安全。

（4）手钳使用注意事项

1）手钳主要是用来夹持或弯曲工件的，不可当手锤或螺丝刀使用。

2）侧剪钳、斜口钳只可剪细的金属线或薄的金属板。

3）应根据工作性质合理选用手钳。

### 3. 工人安全职责

1）设备使用与维修的过程中，必须制定相应的安全措施。首先检查电源、气源是否被断开。如果设备与动力线之间的连接未切断，务必禁止工作。必要时，在电源、气源的开关处挂"不准合闸"或"不准开气"等警示牌。

2）操作前，应根据所用工具的需要，穿戴必要的劳保防护用品，同时遵守相关的规定，如使用电动工具时，需要穿戴绝缘手套和胶鞋；使用手持照明灯时，其工作电压应低于36 V。

3）多人、多层作业时，要做到统一指挥、密切配合、动作协调，同时也要注意安全。

4）拆卸下来的零部件应尽量摆放在一起，并按相关规定摆放，不要乱丢乱放。

5）起吊和搬运重物时，应严格遵守起重工安全操作规程。

6）高处作业必须佩戴安全帽，系好安全带。不准上下投递工具或零件。

7）试车前，应检查电源的接法是否正确，各部分的手柄、行程开关、撞块等是否灵敏可靠，传动系统的安全防护装置是否齐全。确认无误后，方可开车运转。

8）机械设备运转时，不得用身体任何部位触及运动部件或进行调整；必须待停稳后，才可进行检查和调整。

# 1.4　项目总结

通过本项目的学习，能掌握钳工常用设备的工作原理、使用场合、操作规程、注意事项等，了解钳工常用工具、量具原理及使用方法、使用场合并能正确进行维护。

# 1.5　拓展案例

## 1.5.1　游标卡尺原理、使用及维护

游标卡尺的使用

### 1. 游标卡尺的结构和规格

游标卡尺是工业上常用的测量长度的仪器，由尺身和能在尺身上滑动的游标（尺）组成，如图1-1所示。若从背面看，游标尺是一个整体。游标尺与尺身之间有一个弹簧片，利用弹簧片的弹力使游标尺与尺身靠紧。游标尺上部有一个紧固螺钉，可将游标尺固定在尺身上的任意位置。尺身和游标尺上都有量爪和刻度，用以测量不同位置的尺寸。

游标卡尺按其结构和用途的不同分为普通游标卡尺、深度游标卡尺、游标高度尺、齿厚游标卡尺等（图1-1）；按其测量范围的不同分为0~125 mm、0~150 mm、0~200 mm、0~300 mm、0~500 mm、0~1 000 mm等几种规格。

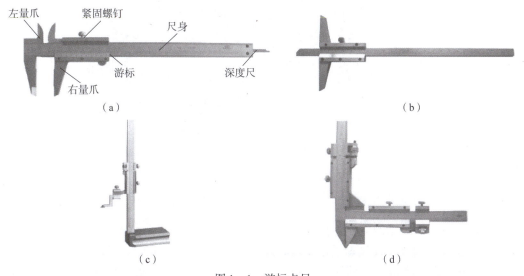

图 1－1 游标卡尺

(a) 普通游标卡尺；(b) 深度游标卡尺；(c) 游标高度尺；(d) 齿厚游标卡尺

**2. 游标卡尺的刻线原理**

常用游标卡尺的测量精度按游标每格的读数示值分 0.05 mm（1/20）和 0.02 mm（1/50）两种。下面以钳工常用的游标卡尺（精度为 0.02 mm）为例，介绍游标卡尺的刻线原理（图 1－2）：尺身每格是 1 mm，当两爪合并时，游标上的 50 格刚好等于尺身上的 49 格（49 mm），则游标上每格间距为 0.98 mm（49 mm÷50），主尺与游标每格间距相差 0.02 mm（1 mm－0.98 mm）。0.02 mm 即该游标卡尺的最小读数值（测量精度）。

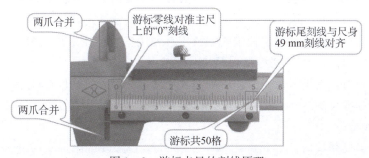

图 1－2 游标卡尺的刻线原理

**3. 游标卡尺的读数方法**

游标卡尺的读数由主尺和游标两部分的数字组成。当活动量爪与固定量爪贴合时，游标上的"0"刻线（简称游标零线）对准主尺上的"0"刻线，此时量爪间的距离为"0"。当尺框向右移动到某一位置时，固定量爪与活动量爪之间的距离，就是零件的测量尺寸。此时零件尺寸的整数部分，可从游标零线左边的主尺刻线上读出来，小数部分可借助于游标来读出，将上述两项读数相加即被测尺寸（图 1－3）。

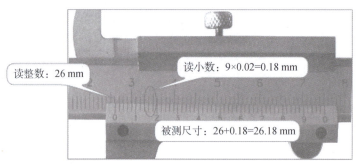

图1-3 游标卡尺的读数方法

**4. 游标卡尺的使用注意事项**

1)检查零线:使用前应先擦净卡尺,合拢量爪,检查尺身与游标零线是否对齐。如未对齐,应记下误差值,以便测量后修正读数。

2)放正卡尺:测量内、外圆,卡尺应垂直于轴线;测量内圆时,应使两量爪处于直径处。

3)用力适度:量爪与测量面接触时,用力不宜过大,以免量爪变形磨损。

4)视线垂直:读数时视线要对准所读刻线并垂直于尺面,否则读数不准。

5)防止松动:从工件上取下卡尺读数时,应使固定卡脚贴紧工件,轻轻取出,以防游标移动。

6)勿测毛面:卡尺属于精密量具,不得用来测量毛坯表面。

**5. 游标卡尺的维护**

1)卡尺使用完毕,要被擦净并上油,放置在专用盒内,防止弄脏或生锈。

2)不可用砂布或普通磨料擦除刻度尺表面及量爪测量面的锈迹和污物。

3)不准把卡尺的两个量爪当扳手或划线工具使用,不准用卡尺代替卡钳、卡扳等在被测件上推拉,以免磨损卡尺,影响测量精度。

4)测量结束时,要把卡尺平放,特别是大尺寸卡尺,否则易引起尺身弯曲变形。

5)对于带深度尺的游标卡尺,用完后应将量爪合拢,否则较细的深度尺露在外面,容易变形,甚至折断。

6)在游标卡尺受损后,不允许用锤子、锉刀等工具自行修理,应交专门维修部门修理,并经检验合格后才能使用。

### 1.5.2 千分尺原理、使用及维护

**1. 外径千分尺的结构和规格**

千分尺的使用

千分尺按其结构和用途不同可分为外径千分尺、内径千分尺、深度千分尺、螺纹千分尺和公法线千分尺等。

图1-4所示为钳工常用的外径千分尺。外径千分尺的测量范围在500 mm以内时,每25 mm为一挡,如0~25 mm、25~50 mm等;测量范围在500~1 000 mm时,每100 mm为一挡,如500~600 mm、600~700 mm等。

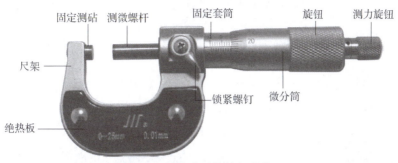

图 1-4 钳工常用的外径千分尺

### 2. 外径千分尺的刻线原理

用外径千分尺测量零件的尺寸，就是把被测零件置于外径千分尺的砧座和测微螺杆的两测量面之间，两测量面之间的距离就是零件的被测尺寸。当测微螺杆在螺纹轴套中旋转时，由于螺旋线的作用，测微螺杆产生轴向移动，使两测量面之间的距离发生变化。

若测微螺杆按顺时针的方向旋转一周，两测量面之间的距离就缩小一个螺距。同理，若按逆时针方向旋转一周，则两测量面间的距离就增大一个螺距。常用外径千分尺测微螺杆的螺距为 0.5 mm，因此，当测微螺杆旋转一周时，两测量面之间的距离就缩小或增大 0.5 mm。

在千分尺的固定套筒上刻有轴向中线，作为微分筒读数的基准线。在轴向中线的两侧，刻有两排刻线，标有数字的一排刻线间距为 1 mm，另一排为每毫米刻线的中线，即上、下两相邻刻线的间距为 0.5 mm。微分筒的圆锥面上刻有 50 个等分线，当微分筒旋转 1/50 周时（即转过 1 格），测微螺杆轴向移动的距离为 0.5 mm÷50 = 0.01 mm。由此可知，千分尺的测量精度为 0.01 mm（图 1-5）。

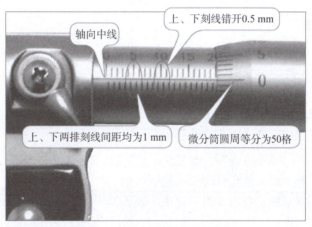

图 1-5 外径千分尺的刻线原理

### 3. 外径千分尺的读数方法

外径千分尺的读数方法如图 1-6 所示。

1) 读出固定套筒上的毫米整数值和半毫米值：读出固定套筒上刻线所显示的最大数值，包括毫米整数值和半毫米值。

2）读出微分筒上不足半毫米的小数值：用微分筒上与固定套筒中线对齐的刻线格数乘千分尺精度。

3）把上述两个读数相加即得实测尺寸。

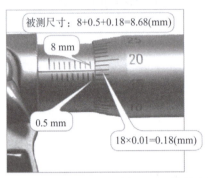 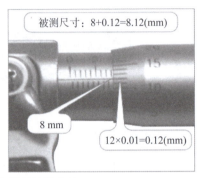

图1-6 外径千分尺的读数方法

**4. 千分尺使用注意事项**

1）使用前，应把千分尺的两个测量面擦干净，校准零位。

2）测量前，应把零件的被测量表面擦干净，以免影响测量精度。

3）测量时，测微螺杆与零件被测量的尺寸方向要一致。为使测量面与零件表面接触良好，可在转动测力旋钮的同时轻轻地晃动尺架。

4）读取数值后，应反向转动微分筒，使测微螺杆端面离开零件被测表面，再将千分尺退出，这样可减少对千分尺测量面的磨损。如果必须取下读数，应用锁紧手柄锁紧测微螺杆，待轻轻滑出零件后再读数。

5）使用完毕后要擦净测量面，并涂上专用防锈油，置于盒内保管。

6）使用有效期满后，要及时送计量部门检修。

**5. 千分尺的维护**

1）检查零线是否准确。

2）测量时需把工件被测量面擦干净。

3）工件较大时应放在V形铁或平板上测量。

4）测量前将测量杆和砧座擦干净。

5）拧活动套筒时需用棘轮装置。

6）不要拧松后盖，以免造成零线改变。

7）不要在固定套筒和活动套筒间加入普通机油。

8）用后擦净上油，放入专用盒内，置于干燥处。

### 1.5.3 万能角度尺原理、使用及维护

**1. 万能角度尺的结构**

万能角度尺主要由基尺、尺身（主尺）、直角尺、直尺、游标、制动器（锁紧螺钉）、扇形板、调节旋钮和卡块等组成（图1-7）。

万能角度尺的使用

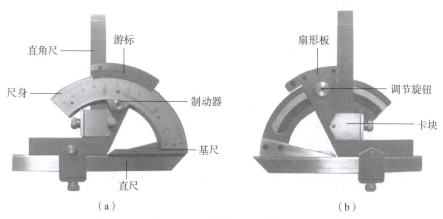

图1-7 万能角度尺的结构
(a) 正面；(b) 反面

**2. 万能角度尺的刻线原理**

万能角度尺的测量精度有5′和2′两种，万能角度尺的读数是根据游标原理制成的。精度为2′的万能角度尺的刻线原理是：尺身每格刻线的弧长对应的角度为1°；游标刻线是将尺身上29°所占的弧长等分为30格，每格所对应的角度为29°/30，因此游标1格与尺身1格相差：1°－29°/30 = 2′，即万能角度尺的测量精度为2′（图1-8）。

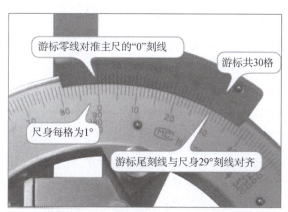

图1-8 万能角度尺的刻线原理

**3. 万能角度尺的读数方法**

万能角度尺的读数方法（图1-9）与游标卡尺的读数方法基本相似，即先从尺身上读出游标零线左边的整度数，然后在游标上读出分的数值（格数×2′），两者相加就是被测工件的角度数值。

**4. 万能角度尺的使用方法**

1) 万能角度尺使用前应先校准零位。万能角度尺的零位，是直尺与直角尺均装上，当直角尺、基尺的底边与直尺无间隙接触时，主尺与游标的零线对准。

2) 调整好零位后，通过基尺、直尺、直角尺进行组合，可测量0°~320°之4个角度段内的任意角度值（见表1-4钳工常用量具中的万能角度尺部分）。

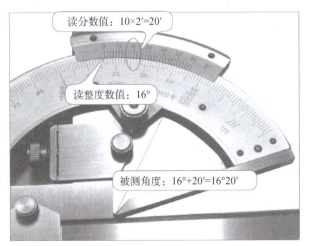

图1-9 万能角度尺的读数方法

3）测量时，根据零件被测部位的情况，先调整好直角尺或直尺的位置，用卡块上的螺钉把它们紧固住，再来调整基尺测量面与其他有关测量面之间的夹角。这时，要先松开制动器上的螺母，移动主尺作粗调整，然后再转动扇形板背面的旋钮作细微调整，直到两个测量面与被测表面密切贴合为止。最后拧紧制动器上的螺母，把角度尺取下来进行读数。

**5. 万能角度尺的使用注意事项**

1）根据被测量工件的不同角度正确组合。

2）使用前，先将万能角度尺擦拭干净，再检查尺身和游标的零线是否对齐，基尺和直尺是否有间隙。

3）测量完毕后，应用汽油或酒精把万能角度尺洗净，用干净纱布仔细擦干，涂上防锈油，然后装入专用盒内存放。

**6. 万能角度尺的维护**

1）万能角度尺不能受到碰撞，注意保护各测量面并防止变形。

2）I形游标万能角度尺在安装直角尺或直尺时应避免夹块螺钉压在测量面上。

3）使用完万能角度尺后，要将其擦净，在测量面上涂防锈油，并装在专用的盒内保管。

### 1.5.4 百分表原理、使用及维护

**1. 百分表的结构**

百分表是指针类量仪，其特点是将被测物体的尺寸变化导致的测量杆的微小直线位移，经机械放大后转换为指针的旋转或角位移，在刻度盘上指示测量结果。常用的百分表有钟形百分表和杠杆式百分表两种，其分度值为0.01 mm（图1-10）。

**2. 百分表的使用**

百分表只能测出相对数值，不能测出绝对数值，主要应用于检测工件的形状和位置误差等，也可以用于校正零件的安装位置及测量零件的内径等，是一种精度高的比较量具。下面以钟形百分表为例介绍百分表的使用方法与读数方法。

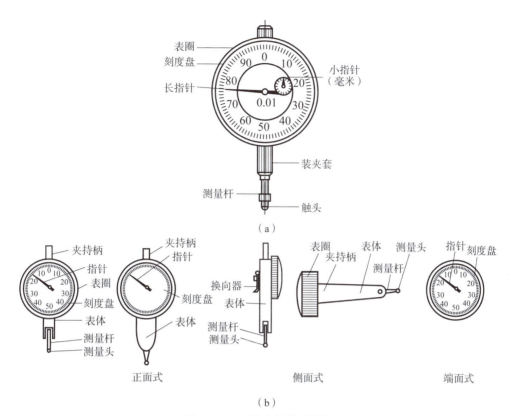

图 1-10 百分表的外形结构
（a）钟形百分表的外形结构；（b）杠杆式百分表的外形结构

1）百分表不能单独使用。百分表在使用时，要把百分表装夹在专用表架或其他牢靠的支架上（图 1-11），千万不要贪图方便而把百分表随便卡在不稳固的地方，这样不仅造成测量结果不准，而且有可能把表摔坏。

2）为了使百分表能够在各种场合下顺利地进行测量工作，例如在车床上测量径向跳动、端面跳动，在专用检验工具上检验工件精度时，应把百分表装夹在磁性表架或万能表架上来使用（图 1-12）。表架应放在平板、工作台或某一平整位置上。百分表在表架上的上、下、前、后位置可以任意调节。使用时注意，百分表的触头应垂直于被检测的工件表面。

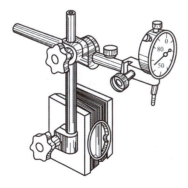

图 1-11 把百分表装夹在专用表架或其他牢靠的支架上

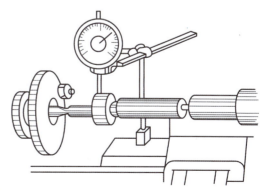

图 1-12 把百分表装夹在磁性表架或万能表架上

3）把百分表装夹套筒夹在表架紧固套内时，夹紧力不要过大，夹紧后测杆应能平稳、灵活地移动，无卡住现象（图1-13）。

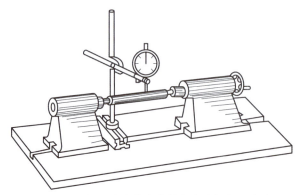

图1-13　把百分表装夹套筒夹在表架紧固套内

4）装夹好百分表后，在未松开紧固套之前不要转动表体。当需要转动表的方向时，应先松开紧固套。

5）测量时，应轻轻提起测量杆，把工件移至测量头下面，缓慢下降，使测量头与工件接触。不准把工件强迫推至测量头下，也不得急剧下降测量头，以免产生瞬时冲击测力，给测量带来测量误差。测量头与工件的接触方法如图1-14所示。对工件进行调整时，也应按上述方法进行。

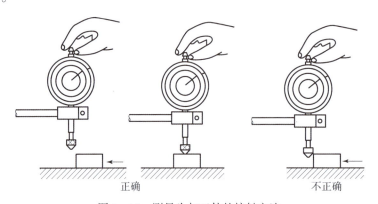

图1-14　测量头与工件的接触方法

6）用百分表校正或测量工件时，应当使测量杆有一定的初始测量压力，即在测量头与工件表面接触时，测量杆应有0.3~1.0 mm的压缩量，使指针转过半圈左右，然后转动表圈，使刻度盘的零线对准指针。轻轻地拉动手提测量杆的圆头，拉起和放松几次，检查指针所指零位有无改变。当指针零位稳定后，再开始测量或校正工件的工作。如果是校正工件，此时开始改变工件的相对位置，读出指针的偏摆值，即得到工件安装的偏差数值。

百分表的读数方法为：先读小指针转过的刻度（即毫米整数）；再读大指针转过的刻度（即小数部分），并乘以0.01；然后将两者相加，即得到所测量的数值。

**例1**

图1-15所示的数值为：

［读小指针转过的刻度（即毫米整数）得0］＋［读大指针转过的刻度（即小数部分），

并乘以 0.01 得 0.87 mm］= 0.87 mm。

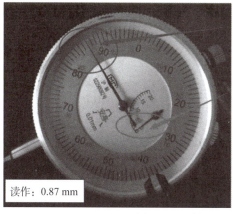

第二步：读大指针的刻度，为87。此数乘以0.01，即87×0.01=0.87

第一步：先读小指针的刻度，为0（还不到1，所以为0）

总结：
得出的数值为：
0+0.87=0.87
所以该测量结果为0.87

读作：0.87 mm

图 1-15　例 1 图

**例 2**

图 1-16 所示的数值为：

［读小指针转过的刻度（即毫米整数）得 1 mm］+［读大指针转过的刻度（即小数部分），并乘以 0.01 得 0.65 mm］= 1.65 mm。

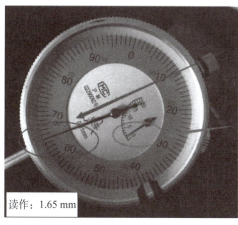

第二步：读大指针刻度，为65。此数乘以0.01，即65×0.01=0.65

第一步：先读小指针刻度，为1（还不到2，所以为1）

总结：
得出读数为：
1+0.65=1.65
因此结果为1.65

读作：1.65 mm

图 1-16　例 2 图

**3. 百分表使用时的注意事项**

1）使用时要仔细，提压测量杆的次数不要过多，距离不要过大，以免损坏机件，加剧测量头的磨损。

2）不允许测量表面粗糙度过大或有明显凹凸的工件表面。

3）应避免剧烈振动或碰撞，杜绝测量头突然撞击在被测表面上，以防测量杆弯曲变形，更不能敲打百分表的任何部位。

4）在遇到测量杆移动不灵活或发生阻滞时，不允许用强力推压测量头，应送交计量部门检查修理。

**4. 百分表维护**

1）不要把百分表放在磁场附近，以免造成机件磁化，降低灵敏度或精度。

2）不使用时，应使测量杆处于自由状态，避免有任何压力加在上面。

3）不能与锉刀、錾子等工具堆放在一起，以免擦伤、碰毛精密测量杆，或打碎玻璃表盖等。

4）使用完毕后，必须用干净的布或软纸将各部分擦干净，然后装入专用的盒子内，并使测量杆处于自由状态，以免表内弹簧失效。

# 项目2 平面划线

**素质目标:**
1. 培养学生的规范意识、标准意识和法律意识;
2. 培养学生精益求精的工匠精神;
3. 培养学生专业自信和爱国主义情怀。

大国工匠

**知识目标:**
1. 掌握常见划线工具及使用方法;
2. 掌握划线的操作要领及操作步骤;
3. 正确选择划线工具并能准确进行划线。

**能力目标:**
1. 具备熟练识读加工图样的能力;
2. 具备简单零件图样平面划线工艺路线的分析能力;
3. 具备确定划线基准选择及平面划线能力;
4. 具备将理论知识用于平面划线准确度的能力。

## 2.1 项目提出

划线是机械加工的重要工序之一,是学习钳工应掌握的重要操作。在单件和小批量生产中,通常在加工前需要根据图样划出加工线以确定加工余量和位置。具体划线图样如图2-1所示。

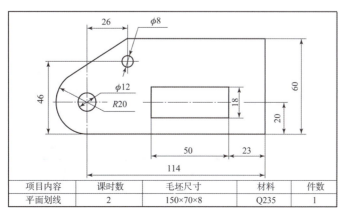

图2-1 划线图样

## 2.2　项目分析

根据给定的零件图进行分析，熟悉常用划线工具的使用要点和一般零件的划线方法，合理确定划线的基准和划线的基本步骤及其注意事项。

## 2.3　项目实施

### 2.3.1　常用划线工具及其使用方法

常用的划线工具及其使用方法见表2–1。

划线工具及其使用方法

表2–1　常用的划线工具及其使用方法

| 名称 | 图例 | 使用方法 |
| --- | --- | --- |
| 划线平台 | 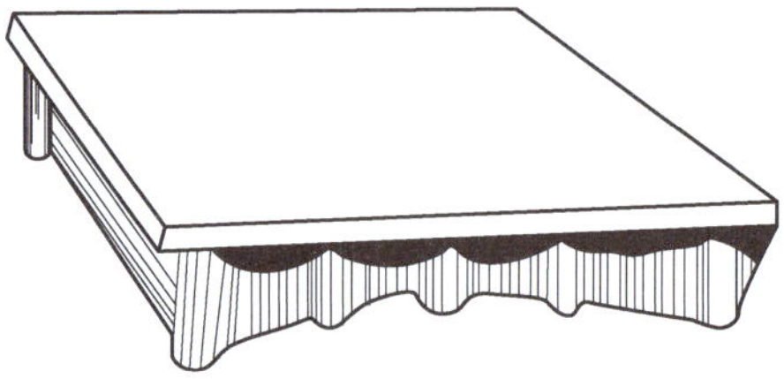 | 划线平台又称平板，是用来安放工件和划线工具，并在其工作表面上完成划线过程的基准工具 |
| 划线方箱 | 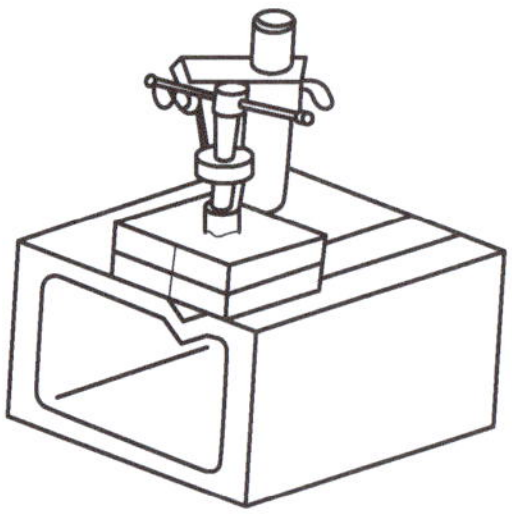 | 划线方箱通常带有V形槽并附有夹持装置，用于夹持尺寸较小而加工面较多的工件。通过翻转方箱，能实现一次安装后在几个表面划线的工作 |
| V形铁 | 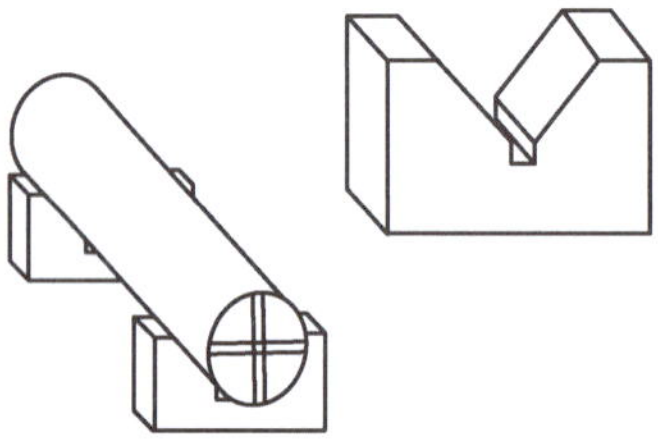 | V形铁主要用于安放轴、套筒等圆形工件，以确定中心并划出中心线 |
| 垫铁 |  | 垫铁是用来支持、垫平和升高毛坯工件的工具，常用斜垫铁对工件的高低作少量调节 |

续表

| 名称 | 图例 | 使用方法 |
|------|------|----------|
| 直角铁 |  | 直角铁有两个经精加工的互相垂直的平面，其上的孔或槽用于固定工件时穿压板螺钉 |
| 千斤顶 |  | 千斤顶用于支承较大的或形状不规则的工件，通常三个一组使用，其高度可以调节，便于找正 |
| 划针 |  | 划针用来在工件上划线条，一般用 $\phi 3 \sim \phi 4$ 的弹簧钢丝或高速钢制成，尖端磨成 15°～20°的尖角，经淬火处理 |
| 划线盘 |  | 划线盘用于在划线平台上对工件进行划线或找正工件位置。使用时一般用划针的直头端划线，弯头端用于对工件的找正 |
| 划规 |  | 划规用于划圆和圆弧线、等分线段、量取尺寸等 |
| 直角尺 |  | 直角尺既可作为划垂直线及平行线的导向工具，又可找正工件在划线平台上的垂直位置，检查两垂直面的垂直度或单个平面的平面度 |

续表

| 名称 | 图例 | 使用介绍 |
|---|---|---|
| 样冲 | 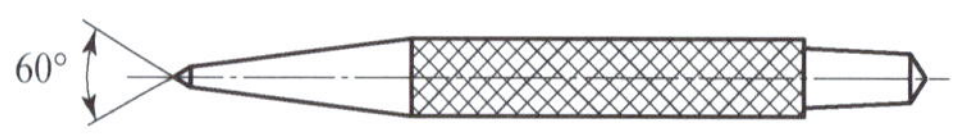 | 样冲用于在工件所划线条上打样冲眼，作为加工界限标志和划圆弧或钻孔时的定位中心 |
| 高度游标卡尺 | 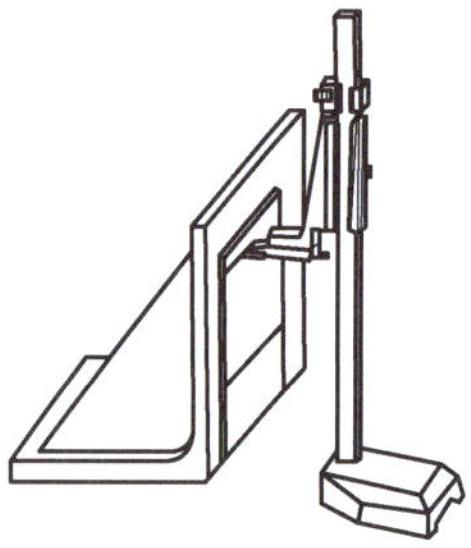 | 高度游标卡尺是精密的量具及划线工具，它可用来测量高度尺寸，其量爪可直接用来划线 |

### 2.3.2 划线的操作要领及步骤

划线前，首先要看懂图样和工艺要求，明确划线任务，检验毛坯和工件是否合格；然后对划线部位进行清理、涂色，确定划线基准，选择划线工具进行划线。

**1. 划线前的准备**

划线前的准备包括对工件或毛坯进行清理、涂色及在工件孔中装中心塞块等。

常用的涂料有石灰水和蓝油。石灰水用于铸件毛坯表面的涂色；蓝油是由质量分数2%～4%的龙胆紫、3%～5%的虫胶和91%～95%的酒精配制而成的，主要用于已加工表面的涂色。

**2. 确定划线基准**

所谓基准，就是在工件上用来确定其他点、线、面位置的依据（点、线、面）。

（1）划线基准确定的原则

1）划线基准应与设计基准一致，并且划线时必须先从基准线开始。

2）若工件上有已加工表面，则应以已加工表面为划线基准。

3）若工件为毛坯，则应选重要孔的中心线等为划线基准。

4）若毛坯上无重要孔，则应选较平整的大平面为划线基准。

（2）常用的划线基准

常用的划线基准有三种，如图2-2所示。

1）以两个相互垂直的平面为基准。

2）以一个平面与一条中心线为基准。

3）以两条相互垂直的中心线为基准。

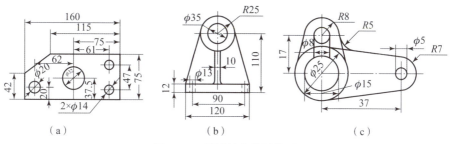

图 2-2 划线基准常用类型

### 3. 划线基本操作方法

划平行线、垂直线以及求圆心的方法分别见表 2-2~表 2-4。

表 2-2 划平行线的方法

| 主要方法 | | 示意图 | 操作要领 |
|---|---|---|---|
| 方法一 | 用钢直尺或钢直尺与划规配合划平行线 | （1）用钢直尺划平行线　（2）用钢直尺与划规配合划平行线 | 划已知直线的平行线时，用钢直尺或划规按两线距离在不同两处的同侧各划一短直线或弧线，再用钢直尺将两直线相连，或作两弧线的切线，即得平行线 |
| 方法二 | 用单脚规划平行线 | | 用单脚规的一脚靠住工件已知直边，在工件直边的两端以相同距离用另一脚各划一短线，再用钢直尺连接两短线即成 |
| 方法三 | 用钢直尺与直角尺配合划平行线 | | 用钢直尺与直角尺配合划平行线时，为防止钢直尺松动，常用夹头夹住钢直尺。当钢直尺与工件表面能较好地贴合时，可不用夹头 |

续表

| 主要方法 | | 示意图 | 操作要领 |
| --- | --- | --- | --- |
| 方法四 | 用划线盘或高度游标卡尺划平行线 | 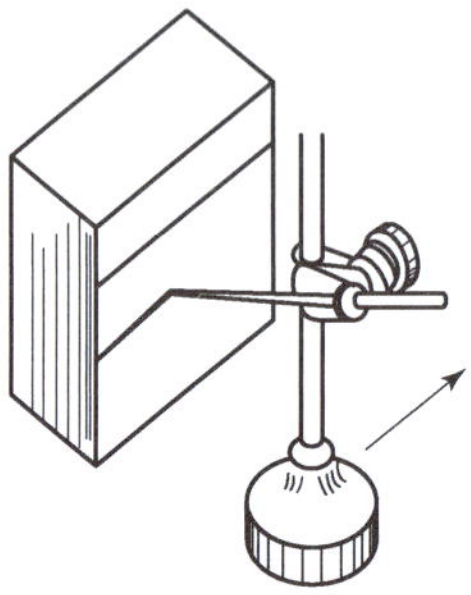 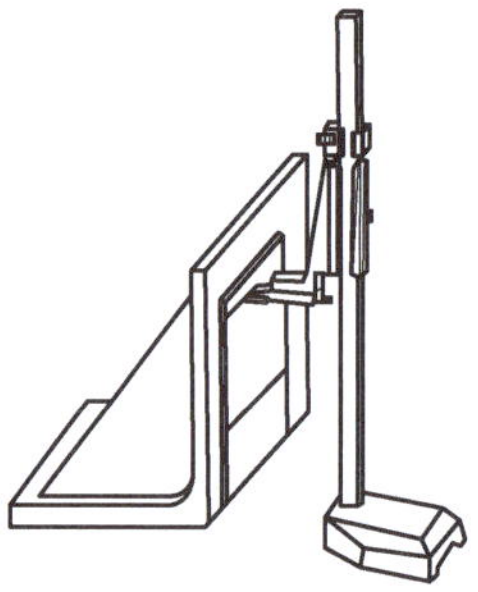 | 若工件可垂直放在划线平台上，可在用划线盘或高度游标卡尺度量尺寸后，沿平台移动，划出平行线 |

表 2-3 划垂直线的方法

| 主要方法 | | 示意图 | 操作要领 |
| --- | --- | --- | --- |
| 方法一 | 用直角尺划垂直线 | 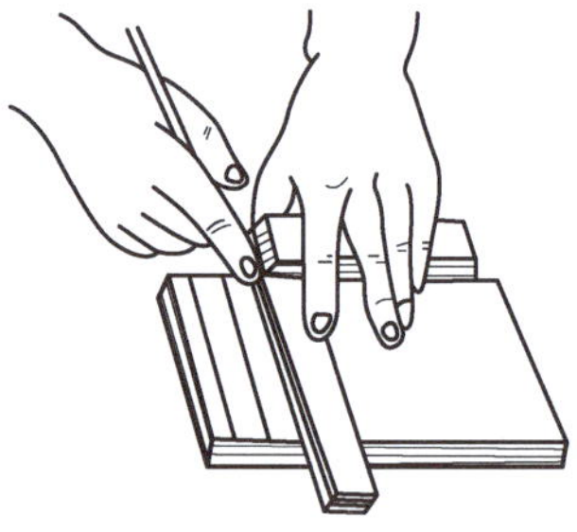 | 直角尺的一边对准或紧靠工件已知边，划针沿尺的另一边划出的线即所需的垂直线 |
| 方法二 | 用划线盘或高度游标卡尺划垂直线 | 见表 2-2 方法四的示意图 | 先将工件和已知直线调整到垂直位置，再用划线盘或高度游标卡尺划出已知直线的垂直线 |

　　划圆弧线前要先划中心线，确定中心点，在中心点打样冲眼；然后用划规以一定的半径划圆弧。求圆心的方法见表 2-4。

表 2-4 求圆心的方法

| 主要方法 | | 示意图 | 操作要领 |
| --- | --- | --- | --- |
| 方法一 | 单脚规求圆心 | (a) (b) (c) | 将单脚规两脚尖的距离调到大于或等于圆的半径，然后把划规的一只脚靠在工件侧面，用左手大拇指按住，划规另一脚在圆心附近划一小段圆弧。划出一段圆弧后再转动工件，每转 1/4 周就依次划出一段圆弧。当划出第四段后，就可在四段弧的包围圈内由目测确定圆心位置 |
| 方法二 | 用划线求圆心 | | 把工件放在 V 形铁上，将划针尖调到略高或略低于工件圆心的高度。左手按住工件，右手移动划线盘，使划针在工件端面上划出一短线。再依次转动工件，每转过 1/4 周，便划一短线，共划出 4 根短线，再在这个"井"形线内目测出圆心位置 |

**4. 打样冲眼的方法**

打样冲眼的方法如图 2-3 所示。

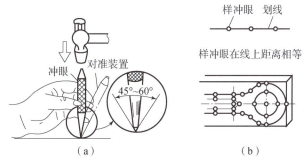

图 2-3 打样冲眼的方法

**5. 操作步骤**

1）认真分析图 2-1，选择划线工具，制定划线工艺路线，选定划线基准。

2）对划线表面涂色。

3）划水平基准线；划尺寸为 20 mm、46 mm、60 mm、30(20＋10) mm、10 (20－10) mm 的水平线。

4）划垂直基准线；划尺寸为 23 mm、50 mm、114 mm、26 mm 的垂直线。

5）对圆心进行冲点；划 $\phi8$、$\phi12$ 圆，划 $R20$ 圆弧，划斜线与 $R20$ 圆弧相切。

6）对切点、交点、所有的已划线进行冲点。

### 2.3.3 划线过程中的注意事项

1）为熟悉图形的作图方法，练习前可先让学生做一次纸上练习。

2）必须正确掌握划线工具的使用方法，根据图纸要求选择合适的划线工具。

3) 针尖要保持尖锐，划线要尽量一次完成。
4) 保证划线尺寸的准确性、线条细而清晰，确保冲眼位置的准确性。
5) 工具摆放要合理。工件划线后，必须经过仔细复检校对。
6) 划线结束后要把平台表面擦净，上油防锈。

## 2.4 项目总结

通过本项目训练，能熟练识读加工图样，制定平面划线的工艺路线，正确选择相关的划线工具，同时要注意划线基准的选择、划线线条的清晰度等。最后根据项目的实施情况，完成项目评价表2-5。

表2-5 平面划线评价

| 序号 | 考核项目 | 配分 | 评分标准 | 学生自评 | 小组互评 | 教师评价 |
| --- | --- | --- | --- | --- | --- | --- |
| 1 | 加工图样识读 | 10 | 读错不得分 | | | |
| 2 | 工艺路线制定 | 10 | 每错1项扣2分 | | | |
| 3 | 划线工具选择 | 5 | 选错1样扣1分 | | | |
| 4 | 操作熟练、姿势正确 | 5 | 1项错误扣2分 | | | |
| 5 | 安全文明生产 | 10 | 违者扣10分 | | | |
| 6 | 基准选择 | 10 | 选择不当扣10分 | | | |
| 7 | 涂色情况 | 4 | 薄而均匀得分 | | | |
| 8 | 线条清晰 | 10 | 不符合要求每处扣3分 | | | |
| 9 | 尺寸及线条位置偏差 | 14 | 超差1处扣2分 | | | |
| 10 | 斜线、圆弧连接 | 14 | 不光滑每处扣2分 | | | |
| 11 | 样冲眼分布情况 | 8 | 分布不合理每处扣2分 | | | |

## 2.5 拓展案例——立体划线

立体划线在很多情况下是对铸、锻毛坯划线，一般是在长、宽、高三个垂直的平面上或其他倾斜方向上划线。划线要求线条清晰，尺寸准确。如划线错误，将会导致毛坯报废。由于划出的线条有一定宽度，划线误差为0.25～0.50 mm，故通常不能以划线来确定最后尺寸，要在加工过程中依靠测量来控制尺寸精度。下面以划轴承座零件的方法来介绍立体划线的具体步骤。

1）熟悉图纸（图2-4），选择好划线基准。

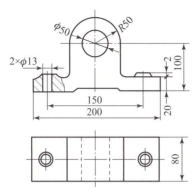

图2-4 轴承座零件

2）对照图样检查好毛坯尺寸，做好毛坯零件划线前的清理、涂料等工作。
3）根据零件图，划出所有加工线，具体见表2-6。

表2-6 轴承座的立体划线

| 序号 | 划线过程 | 示意图 | 说明 |
| --- | --- | --- | --- |
| 1 | 塞入木块 | | 在工件的孔中塞入木块，以便确定孔的中心 |
| 2 | 找正水平 | | 用千斤顶支承工件，根据孔中心及上平面，调节千斤顶，使工件水平 |
| 3 | 划水平线 | | 划出底面加工线和大孔的水平中心线 |
| 4 | 划垂直线 | | 轴承座转过90°，用直角尺找正。划出大孔的垂直中心线及螺钉孔的中心线 |

续表

| 序号 | 划线过程 | 示意图 | 说明 |
|---|---|---|---|
| 5 | 划螺钉孔中心线芯及大平面加工线 | | 将轴承座再翻转90°，用直角尺两个方向找正，划出螺钉孔另一个方向的中心线及大端面加工线 |
| 6 | 冲眼 | | 对照图形、尺寸复检校对无误后打上样冲眼 |

# 项目3 平面錾削

**素质目标:**
1. 培养学生吃苦耐劳的工作作风;
2. 培养学生的安全意识和认真负责的工作态度;
3. 培训学生劳动精神、奋斗精神和创造精神。

**知识目标:**
1. 掌握零件图的识读能力;
2. 掌握常用錾削工具使用及操作方法;
3. 掌握錾削的具体要领和双手的协调能力。

**能力目标:**
1. 机械零件图的识读能力;
2. 具备零件图样加工的工艺分析能力;
3. 具备加工产品质量分析和对不合格地方改进的能力;
4. 正确选择和应用板材的錾削能力。

## 3.1 项目提出

大国工匠

錾削是钳工加工中余量比较大的场合下的一个基本操作,可除去毛坯的飞边、毛刺、浇冒口,切割板料、条料,开槽以及对金属表面进行粗加工等。尽管錾削工作效率低、劳动强度大,但由于它所使用的工具简单、操作方便,因此在许多不便机械加工的场合,它仍起着重要的作用。具体錾削零件如图3-1所示。

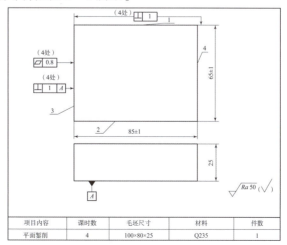

图3-1 錾削图样

## 3.2 项目分析

根据图样进行分析，按照1、2、3、4面顺序完成錾削任务，依次保证各项精度要求，但要注意控制平面錾削的尺寸、形位精度和表面粗糙度。掌握正确的錾削姿势，控制合适的锤击速度和动作要领，能正确对该项目进行加工。

## 3.3 项目实施

錾削基础知识

### 3.3.1 常用錾削工具

**1. 錾子**

錾子一般用碳素工具钢锻制，刃部经过刃磨和热处理而成。錾子切削时的角度如图3-2所示。

錾子由头部、柄部及切削部分组成。头部一般制成锥形，以便锤击力能通过錾子轴心。柄部一般制成六边形，以便操作者定向握持。切削部分则可根据錾削对象不同，制成以下三种类型。

（1）扁錾

如图3-3（a）所示，扁錾的切削刃较长，切削部分扁平，用于平面錾削，去除凸缘、毛刺、飞边，切断材料等，应用最广。

（2）窄錾

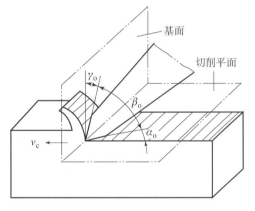

图3-2 錾子切削时的角度

如图3-3（b）所示，窄錾的切削刃较短，且刃的两侧面自切削刃起向柄部逐渐变狭窄，以保证在錾槽时两侧不会被工件卡住。窄錾用于錾槽及将板料切割成曲线等。

（3）油槽錾

如图3-3（c）所示，油槽錾的切削刃制成半圆形，且很短，切削部分制成弯曲形状。

**2. 手锤**

手锤由锤头和木柄等组成。根据用途不同，锤头有软、硬之分。软锤头的材料种类分别有铅、铝、铜、硬木、橡皮等几种，也可在硬锤头上镶或焊一段铅、铝、铜材料。软锤头多用于装配和矫正。硬锤头主要用于錾削，其材料一般为碳素工具钢，锤头两端锤击面经淬硬处理后磨光。木柄用硬木制成，如胡桃木、檀木等。

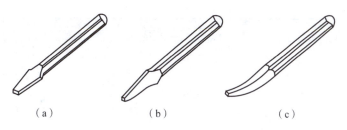

图 3-3 常用錾子

(a) 扁錾；(b) 窄錾；(c) 油槽錾

手锤的常见形状如图 3-4 所示，使用较多的是两端为球面的一种。手锤的规格指锤头的质量，常用的有 0.25 kg、0.5 kg、1 kg 等几种。手柄的截面形状为椭圆形，以便操作时定向握持。柄长约 350 mm，若过长，会使操作不便，过短则又使挥力不够。根据需要在锤柄端部打入楔子，防止锤头从柄部脱离，如图 3-5 所示。

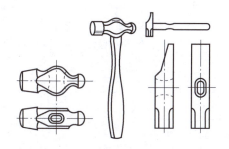

图 3-4 手锤的常见形状

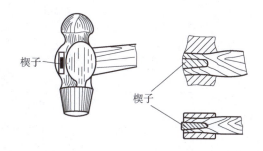

图 3-5 锤柄端部打入楔子

### 3.3.2 平面錾削操作要领及步骤

**1. 錾削的动作要领**

錾削的动作要领见表 3-1。

表 3-1 錾削的动作要领

| 操作项目 | 方式 | 示意图 | 操作要点 |
| --- | --- | --- | --- |
| 錾子的握法 | 正握法 |  | 手心向下，用中指、无名指握住錾子，小指自然合拢，食指和大拇指做自然伸直的松靠，錾子头部伸出约 20 mm |
| | 反握法 |  | 手心向上，手指自然捏住錾子，手掌悬空 |

续表

| 操作项目 | 方式 | 示意图 | 操作要点 |
|---|---|---|---|
| 手锤的握法 | 紧握法 |  | 用右手五指紧握锤柄,大拇指合在食指上,虎口对准锤头方向,木柄尾端露出 15～30 mm。在挥锤和锤击过程中五指始终紧握 |
| | 松握法 |  | 只用大拇指和食指始终握紧锤柄。在挥锤时,小指、无名指、中指则依次放松;在锤击时,以相反的次序收拢握 |
| 挥锤方法 | 腕挥 |  | 腕挥只依靠手腕的运动来挥锤。此时锤击力较小,一般用于錾削的开始和结尾,或錾油槽等场合 |
| | 肘挥 |  | 利用腕和肘一起运动来挥锤。敲击力较大,应用最广 |
| | 臂挥 |  | 利用手腕、肘和臂一起挥锤。锤击力最大,用于需要大量錾削的场合 |
| 錾削姿势 | |  | 錾削时,两脚互成一定角度,左脚跨前半步,右脚稍微朝后[图(a)],身体自然站立,重心偏于右脚。右脚要站稳,右腿伸直,左腿膝盖关节应稍微自然弯曲。眼睛注视錾削处,以便观察錾削的情况,而不应注视锤击处。左手握錾使其在工件上保持正确的角度。右手挥锤,使锤头沿弧线运动,进行敲击[图(b)] |

**2. 平面錾削方法及步骤**

錾削平面时，主要采用扁錾。根据该项目要求，先划出 85 mm×65 mm 的尺寸线，按图 3-1 所示的錾削平面 1、2、3、4 顺序依次进行錾削。开始錾削时，应从工件侧面的尖角处轻轻起錾。因尖角处与切削刃接触面小、阻力小、易切入，能较好地控制加工余量，而不致产生滑移及弹跳现象。起錾后，再把錾子逐渐移向中间，使切削刃的全宽参与切削。初錾时每次錾削量应在 1.5 mm 左右，錾子头上的毛刺应及时磨去，如果錾子硬度不足，则应再次进行热处理和刃磨。

### 3.3.3 錾削的注意事项

1）錾削时，要把工件在台虎钳中间部位夹紧，且在其下面垫上木衬垫。工件被錾面高于钳口 10~15 mm 为宜。

2）发现锤子木柄松动或损坏时，要及时将其装牢或更换；木柄上不能沾有油污，以免使用时脱手。

3）錾子头部有明显毛刺时，应及时将其磨去。

4）敲击作业时，不能朝向别人；在对面作业时，应加防护网。

5）不用锤子时，应将其放在台虎钳的右边，柄部不可露在钳台外面，以免掉下，砸伤脚。要把錾子放在台虎钳的左边。

6）当錾削快到尽头，与尽头相距约 10 mm 时，应调头錾削，否则尽头的材料会崩裂。

## 3.4 项目总结

能掌握錾削的基本知识和技能，掌握錾削的基本要领，能充分锻炼两手的协调能力，同时对加工的产品质量进行分析，对加工不合格的地方进行改进。錾削中常见的质量问题有三种，即錾过了尺寸界限、錾崩了棱角或棱边、夹坏了工件的表面。请完成表 3-2。

表 3-2 錾削加工件项目评价

| 序号 | 检测内容 | 配分 | 评分标准 | 学生自评 | 小组互评 | 教师评价 |
|---|---|---|---|---|---|---|
| 1 | 85±1 | 15 | 超差全扣 | | | |
| 2 | 65±1 | 15 | 超差全扣 | | | |
| 3 | ⊥ 1 | 2×4 | 超差1处扣2分 | | | |
| 4 | ⌀ 0.8 | 5×4 | 超差1处扣5分 | | | |
| 5 | Ra 50 | 4×4 | 超差1处扣4分 | | | |
| 6 | 去毛刺 | 2×4 | 超差1处扣2分 | | | |
| 7 | ⊥ 1 A | 2×4 | 超差1处扣2分 | | | |
| 8 | 安全文明生产 | 10 | 违者全扣 | | | |

## 3.5 拓展案例——板材的錾削和沟槽的錾削

### 3.5.1 小而薄的板材

将板材夹在台虎钳上，使划线与钳口平齐，用扁錾沿着并斜对着板材自右向左錾削。因为斜对着錾切时，扁錾只有部分刃錾削，阻力小而容易分割材料，所以切削出的平面也较平整，如图 3-6 所示。

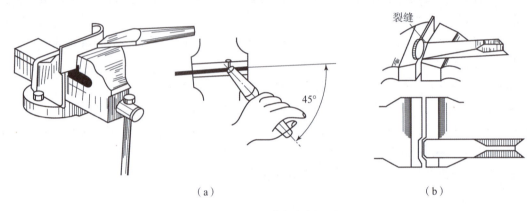

图 3-6 薄板錾削
（a）正确方法；（b）错误方法

### 3.5.2 面积较大的板材

錾削面积较大的板材时，应先用窄錾在工件上錾若干条平行槽，再用扁錾将剩余部分錾去，这样能避免錾子的切削部分两侧受工件的卡阻（图 3-7）。

錾削较窄平面时，应选用扁錾，并使切削刃与錾削方向倾斜一定角度（图 3-8）。其作用是易稳定住錾子，防止錾子左右晃动而使錾出的表面不平。

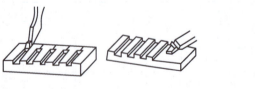

图 3-7 錾宽平面

图 3-8 錾窄平面

### 3.5.3 工件轮廓较复杂的板材

一般先按所划出的轮廓线用 3~5 mm 钻头钻出密集的排孔，排孔的间距一般以 3.2~3.5 mm 为宜，再用扁錾或窄錾逐步錾切。錾削板料直线槽时，先划直线，后进行排孔，最后用宽錾进行錾削。錾削圆弧槽或者方槽时，先划线，后排孔，最后用窄錾进行錾削

(图 3-9 和图 3-10)。

图 3-9 直线槽錾削

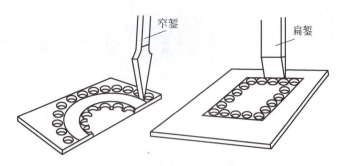

图 3-10 圆弧槽和方槽錾削

### 3.5.4 直槽的錾削

錾削的切削刃宽度应磨得与槽宽相对应，一般切削刃宽度要小于加工槽宽 0.1 ~ 0.2 mm。切削刃比较短，切削部分两侧面从切削刃起向柄部逐渐变小，目的是避免两侧面被卡住，同时也减小了錾削阻力和磨损。

錾削采用正面起錾，即对准划线槽錾出一个小斜面，再逐渐进行錾削，如图 3-11 所示。

### 3.5.5 油槽的錾削

錾削前首先根据图样上油槽的端面形状、尺寸刃磨好油槽的切削部分，同时在工件需錾削油槽部位划线。錾削时（图 3-12），錾子的倾斜度需随着曲面变动，保持錾削时后角不变，这样錾出的油槽光滑且深浅一致。錾削结束后，修光槽边的毛刺。

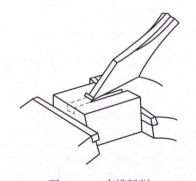

图 3-11 直槽錾削

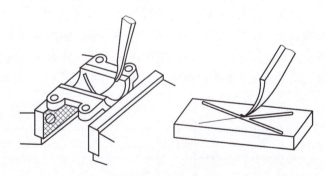

图 3-12 油槽錾削

# 项目4  平面锉削

**素质目标:**
1. 培养学生的规范意识、标准意识和法律意识;
2. 培养学生吃苦耐劳的工匠精神;
3. 培养学生客观细致的观察分析能力。

**知识目标:**
1. 掌握平面锉削工具及正确选用;
2. 掌握锉削加工方法及要领;
3. 掌握锉削表面质量的检测方法。

**能力目标:**
1. 具备识读零件图的方法及加工工艺分析方法;
2. 具备工量具正确选用及锉削质量检测的能力;
3. 具备平面锉削和曲面锉削对比分析能力。

大国工匠

## 4.1 项目提出

根据给定的锉削零件图进行分析。锉削是用锉刀对工件表面进行切削加工的方法,是钳工最基本的操作技能之一。熟练掌握平面锉削,是学习钳工技术的基础。锉削的应用范围很广,可以锉削平面、曲面、外表面、内孔、沟槽和各种复杂表面,还可以配键、做样板及在装配中修整工件等。具体如图4-1所示。

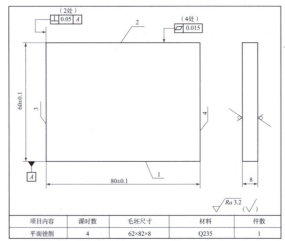

图4-1 平面锉削加工零件

## 4.2　项目分析

认真分析零件图，选择锉刀，制定锉削工艺路线，先锉削基准面及基准面的平行面，后锉削基准面的垂直面和垂直面的平行面。在整个锉削过程中，边加工边测量，既要保证尺寸公差，也要保证形位公差。

## 4.3　项目实施

锉刀的种类

### 4.3.1　锉削工具及其选用

**1. 锉刀**

锉刀是用碳素工具钢 T12 或 T13 制成的；经热处理后切削部分硬度应达到 HRC62~72。锉刀的相关基本常识见表 4-1。

表 4-1　锉刀的基本常识

| 内容 | 相关知识 | 图例及有关参数 |
|---|---|---|
| 锉刀的构造及各部分的名称 | 锉刀由锉柄与锉身两部分组成，锉刀面是锉削的主要工作面，锉刀边是指锉刀的两侧面，有的其中一边有齿，另一边无齿（称为光边），锉刀舌用来装锉刀柄 | 锉刀面　锉刀边　底齿　锉刀尾　木柄　长度　面齿　舌 |
| 锉刀的类型 | 按锉刀的用途不同，可分为钳工锉、异形锉和整形锉 | （a）钳工锉　（b）异形锉　（c）整形锉 |

续表

| 内容 | 相关知识 | 图例及有关参数 |
|---|---|---|
| 锉刀的断面形状 | 钳工锉按锉刀近光坯锉身处的断面形状不同，又可分为扁锉、半圆锉、三角锉、方锉、圆锉、菱形锉等，其断面形状如右图（a）~（f）所示。<br><br>异形锉用于加工特殊表面。按其断面形状不同，又可分为单面三角锉、刀形锉、菱边锉、椭圆锉、圆边扁锉、圆肚锉等。其断面形状如右图（g）~（l）所示 | 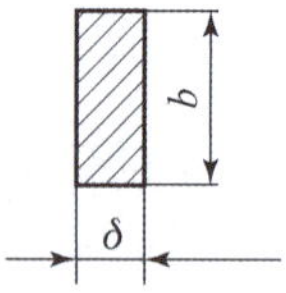 （a）扁锉 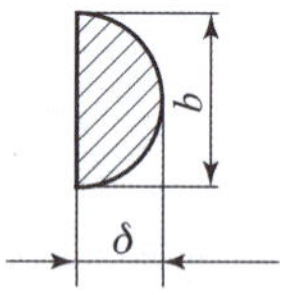　（b）半圆锉 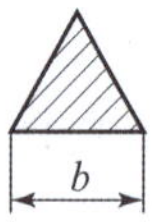　（c）三角锉 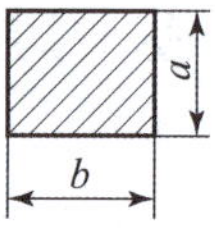<br>（d）方锉 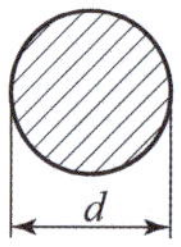　（e）圆锉 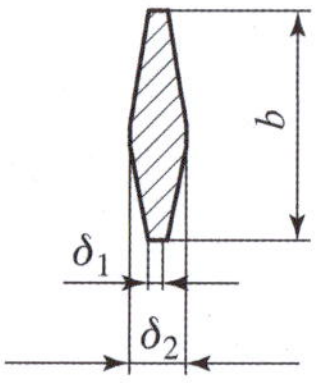　（f）菱形锉 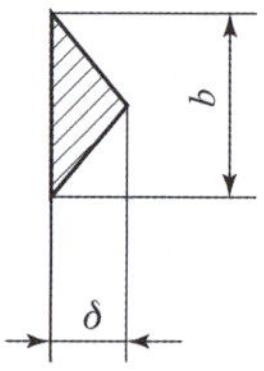<br>（g）单面三角锉 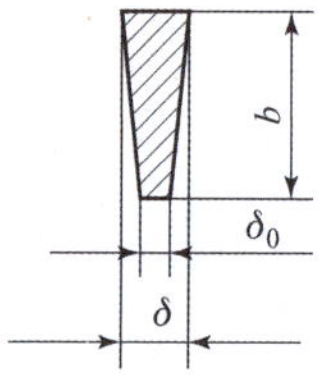　（h）刀形锉 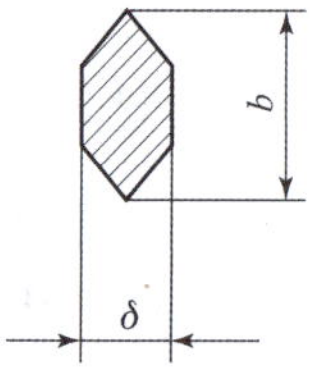　（i）菱边锉 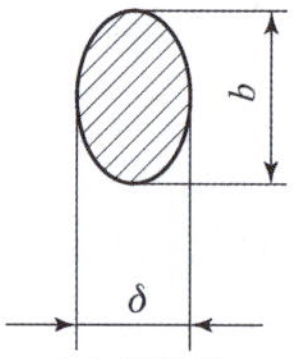<br>（j）椭圆锉 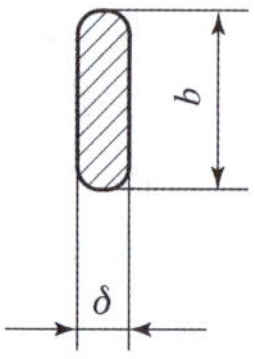　（k）圆边扁锉 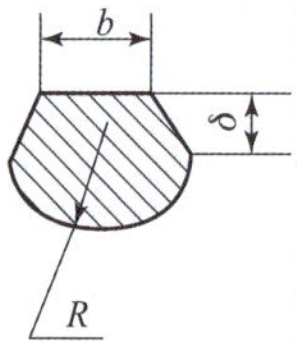　（l）圆肚锉 |
| 锉刀的规格 | 钳工锉的规格是指锉身的长度（方锉用端面边长表示，圆锉用端面直径表示）；异形锉和整形锉的规格是指锉刀全长和柄部直径 | 钳工锉的长度规格有 100 mm、125 mm、150 mm、200 mm、250 mm、300 mm、350 mm、400 mm、450 mm。异形锉的长度规格为 170 mm。整形锉的长度规格有 100 mm、120 mm、140 mm、160 mm、180 mm |
| 锉纹的主要参数 | 锉纹号是表示锉齿粗细的参数，按每 10 mm 轴向长度内主锉纹条数来表示 | 钳工锉纹号共分 5 种，分别为 1~5 号，锉齿的齿高不应小于主锉纹法向齿距的 45%；异形锉、整形锉的锉纹号共分 10 种，分别为 00、0、1、…、7、8 号，锉齿的齿高应不小于主锉纹法向齿距的 40%，而在距锉刀梢端 10 mm 长度内齿高不小于 30%；用切齿法制成的锉刀齿高不小于主锉纹法向齿距的 30% |

## 2. 锉刀选择

每种锉刀都有它适当的用途，如果选择不当，就不能发挥它的效能，甚至会过早地丧失切削性能。因此锉削之前要正确选择锉刀。选择锉刀主要依据下面两个原则。

1）根据被锉削工件表面形状选用锉刀，如图 4-2 所示。

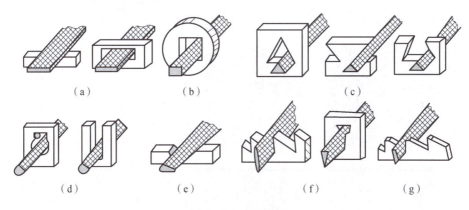

图 4-2 锉刀选择

2）根据工件材料的性质、加工余量的大小、加工精度、表面粗糙度要求选择合适的锉刀。

加工余量是指加工前工件表面至加工后正确位置表面之间的距离，通俗地讲就是我们将要锉掉的材料的多少。根据加工余量的多少，我们把加工分为粗锉、半精锉和精锉。粗加工是为了较快地把余量去除；精加工是保证达到尺寸精度和表面粗糙度要求；半精加工是根据粗加工情况，介于精加工前的过渡加工，有时粗加工质量较好时可以省去半精加工。

锉刀选用原则见表 4-2。

表 4-2 锉刀选用原则

| 锉刀粗细 | 适用场合 | | |
|---|---|---|---|
| | 锉削余量/mm | 精度尺寸/mm | 表面粗糙度 $Ra/\mu m$ |
| 1号（粗齿锉刀） | 0.5~1.0 | 0.20~0.50 | 100~25 |
| 2号（中齿锉刀） | 0.2~0.5 | 0.05~0.20 | 25.0~6.3 |
| 3号（细齿锉刀） | 0.1~0.3 | 0.02~0.05 | 12.5~3.2 |
| 4号（双细齿锉刀） | 0.1~0.2 | 0.01~0.02 | 6.3~1.6 |
| 5号（油光锉） | <0.1 | 0.01 | 1.6~0.8 |

### 4.3.2 锉削操作要领

**1. 锉刀柄的安装和拆卸方法**

锉刀舌是用来安装锉刀柄的，钳工锉只有在装上锉刀柄后使用起来才方便省力。锉刀柄常采用硬质木料或塑料制成，在木质锉刀柄的前端

錾削操作基本知识

圆柱部分中间有一安装孔,孔的最外围镶有铁箍,以防止松动或裂开。锉刀柄安装孔的深度和直径不能过大或过小,约能使锉刀柄长的 3/4 插入孔中为宜。锉刀柄表面不能有裂纹、毛刺等。其安装和拆卸方法见表 4-3。

表 4-3　锉刀柄的安装和拆卸

| 内容 | 操作示意图 | 操作说明 |
| --- | --- | --- |
| 安装 |  | 第一种方法：右手握锉刀，左手五指扶住锉刀柄，在台虎钳后面的砧面上用力向下冲击，利用惯性把锉刀舌部装入柄孔内；<br>第二种方法：左手握住锉刀，先把锉刀轻轻放入柄孔内，然后用右手拿着榔头敲击锉刀柄，使锉刀舌部装入柄孔内。注意在安装时，要保持锉刀的轴线与柄的轴线一致 |
| 拆卸 |  | 第一种方法：将台虎钳钳口调整到比锉刀厚度略宽一些，将锉刀放入钳口中，轻轻撞击钳口，直至锉刀与锉刀柄脱开；<br>第二种方法：两手持锉刀，快速向右将锉刀柄撞击台虎钳砧台边缘，利用锉刀冲击惯性脱出锉刀柄 |

### 2. 锉刀握法及操作说明

锉刀的正确握法是保证锉削姿势自然协调的前提，初学者必须熟练掌握。锉刀的握法随锉刀规格和使用场合的不同而有所区别（表 4-4）。

表 4-4 锉刀握法及操作说明

| 内容 | | 操作示意图 | 操作说明 |
|---|---|---|---|
| 锉刀握法 | 较大锉刀握法 | | 板锉握法：右手紧握锉刀柄，柄外端抵在拇指根部的手掌上，大拇指放在锉刀柄上部，其余手指由上而下握住锉刀柄；左手将拇指根部肌肉轻压在锉刀刀头上，拇指自然伸直，其余四指弯向手心，用中指、无名指捏住锉刀前端。或左手掌斜放在锉梢上，各手指自然平放 |
| | 中、小型锉刀握法 | | 握中、小型锉刀时左手拇指压在锉刀前端上方，用中指、食指托住锉刀，其余指头弯向手心。或左手拇指伸直，拇指靠着食指中节，其余四指自然弯曲，中指、食指中节和拇指第一节压在锉刀前端上表面。右手推动锉刀，左手协同右手使锉刀保持平衡 |
| | 整形锉握法 | | 一般用右手单手握住手柄，食指放在锉身上方 |
| | 异形锉握法 | | 右手的食指平直扶在手柄外侧面，左手轻压在右手手掌左外侧，以压住锉刀，小指勾住锉刀，其余指抱住右手 |

### 3. 锉削加工的方法及其动作要领

锉削加工的方法及其动作要领见表4-5。

表4-5 锉削加工的方法及其动作要领

| 内容 | 操作示意图 | 操作说明 |
|---|---|---|
| 站立姿势 | | 左臂弯曲，小臂与工件锉削面的左右方向基本平行，右小臂与工件锉削面的前后方向保持平行 |
| 锉削动作 | | 开始锉削时身体略前倾；锉削时身体与锉刀一起向前，右脚伸直，左膝呈弯曲状，重心在左脚上；当锉刀锉至行程将结束时，两臂继续将锉刀锉完行程；同时，左腿自然伸直，顺势将锉刀收回，身体重心后移。当锉刀收回即将结束时，身体又先于锉刀前倾，做第二次锉削运动 |

续表

| 内容 | 操作示意图 | 操作说明 |
|---|---|---|
| 锉削时的两手用力 | 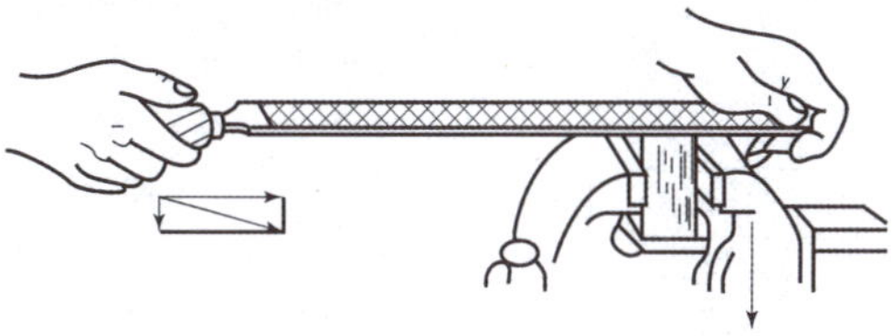 (a) 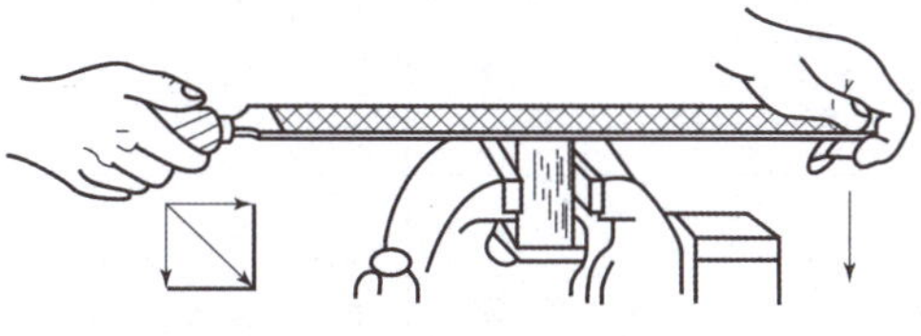<br>(b) 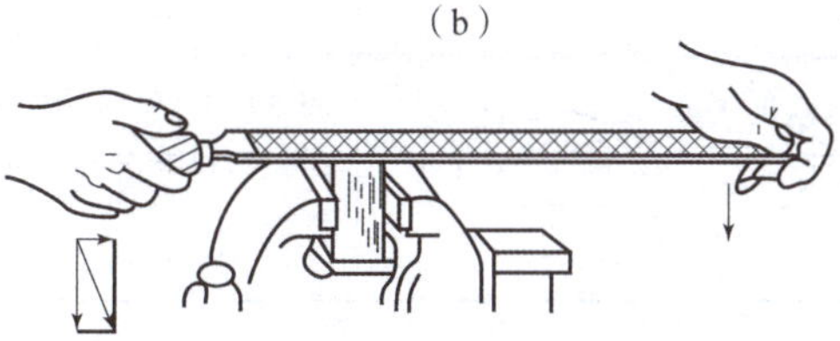<br>(c) 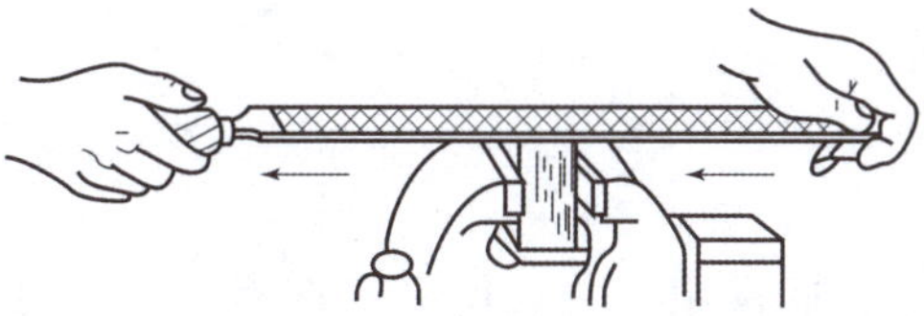<br>(d) | 锉削行程中保持锉刀做直线运动。推进时右手压力要随锉刀推进而逐渐增加，左手压力则要逐渐减小，回程不加压力。<br>锉削速度（或频率）应控制在30～60次/min，一般为40次/min左右，精锉适当放慢，回程时稍快，动作要自然协调，这也是初学者的难点，关键在于多练习 |

### 4. 锉削平面的方法

锉削平面的方法有顺向锉、交叉锉和推锉，具体说明见表4-6。

表4-6  锉削平面的方法

| 锉削方法 | 图示 | 操作说明 |
|---|---|---|
| 顺向锉 | 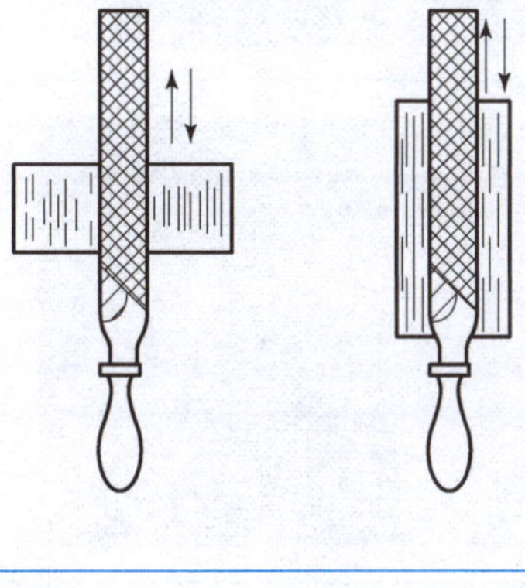  | 顺向锉是最常用的锉削方法。锉削时，锉刀的推进方向自始至终朝向一个方向；顺向锉可以得到整齐一致的锉纹，比较美观；适用于锉削面积不大或最后精锉的场合 |

续表

| 锉削方法 | 图示 | 操作说明 |
| --- | --- | --- |
| 交叉锉 | 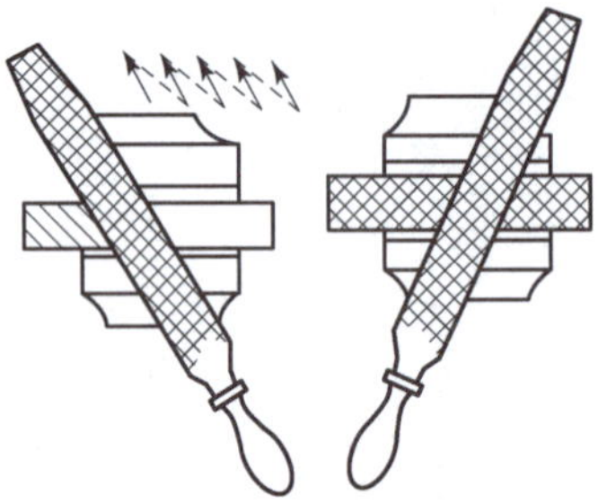  | 交叉锉是指从两个交叉的方向（锉削方向一般与工件的夹持方向成 30°~40° 夹角）交替对工件表面进行锉削的方法。<br>交叉锉可使锉刀与工件的接触面积增大，使锉刀在运动时容易保持平稳，能及时反映出平面度的情况，且锉削效率较高。但在工件表面易留下交叉纹路，美观度相对顺向锉较差，因此，一般多用于粗锉和半精锉 |
| 推锉 | 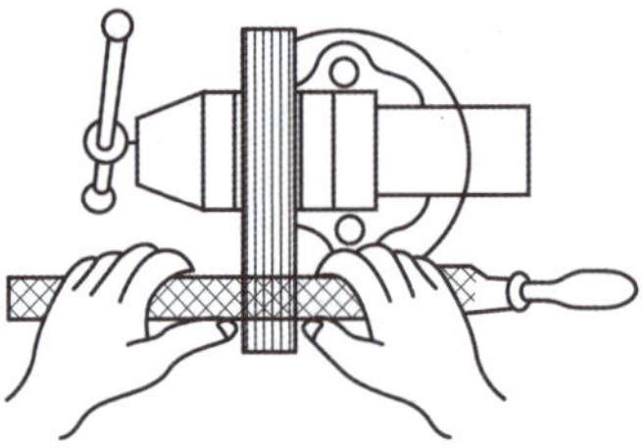  | 推锉是指用两手对称地横握住锉刀，两手尽可能靠近工件，以减少锉刀左右摆动量，用两大拇指推动锉刀顺着工件长度方向进行推拉。适用于加工余量小、平面相对狭窄和修正尺寸时使用，此法锉削效率较低 |

### 4.3.3 锉削表面质量检测

**1. 平面度检测**

锉削工件时，由于加工面较小，通常用刀口直尺（或钢直尺）通过透光法来检测平面度，其方法见表 4-7。

表 4-7 用刀口直尺（或钢直尺）检测平面度的方法

| 内容 | | 示意图 | 操作说明 |
| --- | --- | --- | --- |
| 使用方法 | 刀口直尺 | 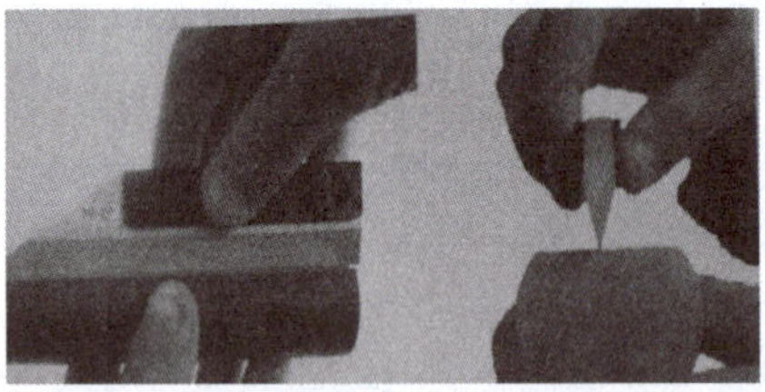  | 把尺轻轻地垂直放在工件表面上。如果刀口直尺与锉削平面间透光强弱均匀，则说明该锉削平面较平；反之，则说明该锉削平面不平，其误差值可以用厚薄规（塞尺）塞入检查 |
| | 钢直尺 | 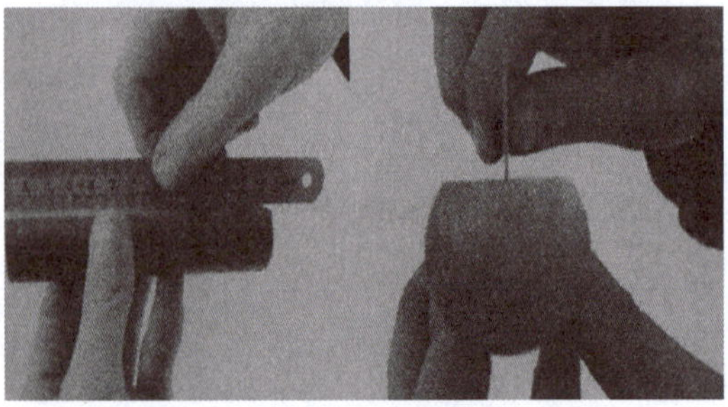  | |

续表

| 内容 | 示意图 | 操作说明 |
|---|---|---|
| 测量方向 | 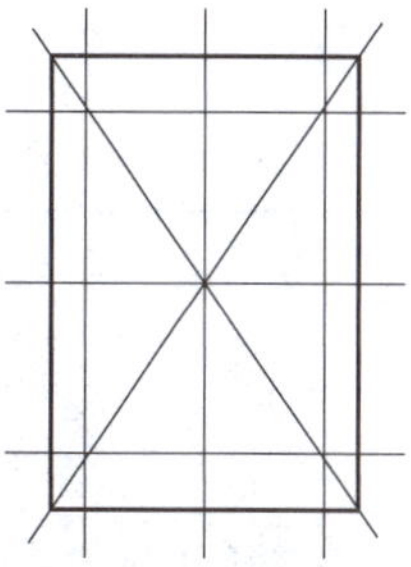  | 在加工面的纵向、横向、对角方向处分别进行，且每个方向至少检查两处 |

**2. 平面度误差的判断**

平面度误差的判断见表 4-8。

表 4-8 平面度误差的判断

| 内容 | 示意图 | 判断方法 |
|---|---|---|
| 平面平整 | 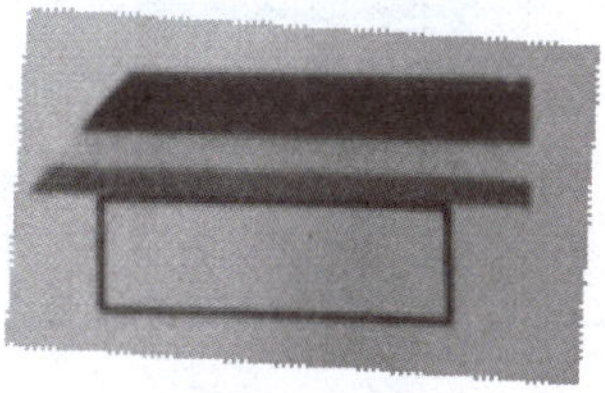  | 透光微弱均匀 |
| 平面中间凸 | 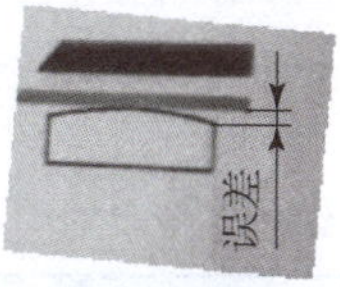  | 两端透光很大 |
| 平面中间凹 | 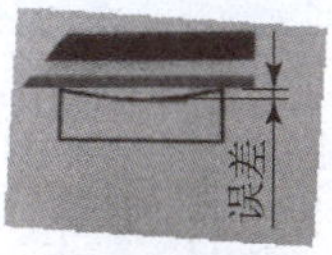  | 中间透光很大 |
| 平面波浪形 | 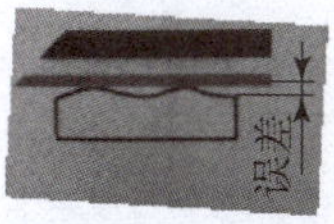  | 透光不均匀 |
| 透光误差的大小 |   | 用塞尺确定 |

## 3. 垂直度检测

在钳工操作中，通常用直角尺根据透光法来测量工件被测表面相对于其基准平面的垂直度误差。直角尺的种类与结构见表4-9。

表4-9 直角尺的种类与结构

| 种类 | 外形 | 结构 |
|---|---|---|
| 宽座角尺 | 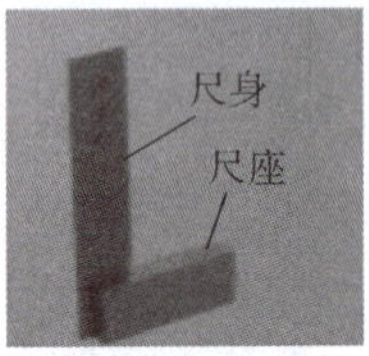 尺身 尺座 | 装配式 |
| 宽座角尺 |  | 整体式 |
| 刀口角尺 |  | 整体式 |

## 4. 直角尺测量方法

直角尺的测量方法见表4-10。

表4-10 直角尺的测量方法

| 测量工具 | 示意图 | 操作要领 |
|---|---|---|
| 宽座角尺 | 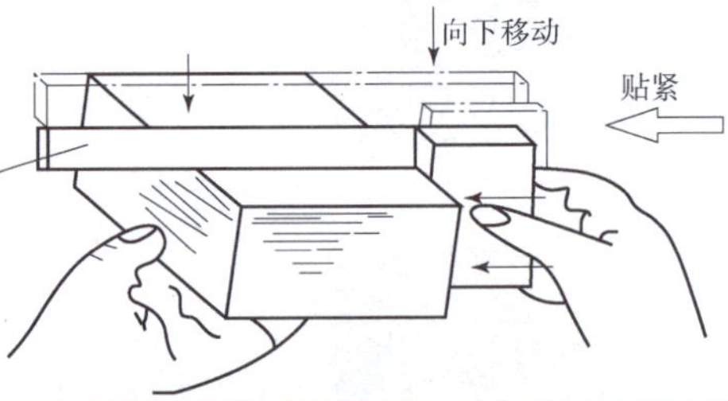 向下移动 贴紧 尺咀 | 测量时手拿着尺座中间，将尺座测量面用力紧贴在工件基准面上，然后将尺轻轻地向下移动，使尺体的测量面与工件被测表面接触，眼睛平视观察其透光情况 |
| 刀口角尺 |  | |

注：①测量时，应使直角尺垂直于工件被测表面，不得倾斜。
②用刀口角尺检查垂直度时，每个面至少检查3处以上。

## 5. 垂直度误差判断

垂直度误差判断见表 4-11。

表 4-11 垂直度误差判断

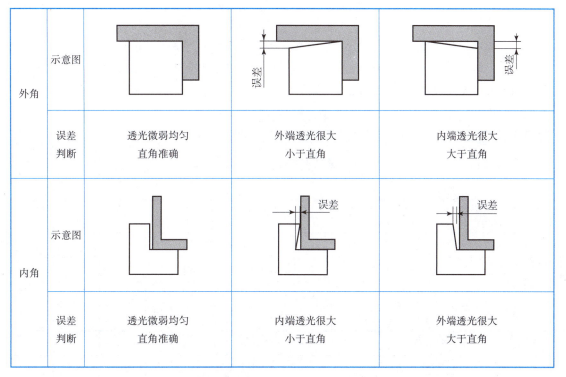

| | | | | |
|---|---|---|---|---|
| 外角 | 示意图 | | | |
| | 误差判断 | 透光微弱均匀 直角准确 | 外端透光很大 小于直角 | 内端透光很大 大于直角 |
| 内角 | 示意图 | | | |
| | 误差判断 | 透光微弱均匀 直角准确 | 内端透光很大 小于直角 | 外端透光很大 大于直角 |

### 4.3.4 锉削的注意事项

1) 掌握正确的锉削姿势是学好锉削技能的基础，因此必须练好锉削姿势。

2) 平面锉削的要领是锉削时保持锉刀的直线平衡运动。因此，在练习时要注意锉削力的正确运用。

3) 顺着圆弧锉时，锉刀上翘下摆的幅度大，才易于锉圆。

4) 没有装柄的锉刀、锉刀柄开裂的锉刀不能使用。

5) 不能用嘴吹锉屑，也不能用手擦摸锉削表面。

6) 工量具要正确使用、合理摆放，做到安全文明生产。

### 4.3.5 操作步骤

1) 认真分析解读图 4-1，选择锉削工具，制定锉削工艺路线。

2) 锉削水平基准面 $A$（面 1）。

3) 锉削水平基准面的平行面（面 2）。

4) 锉削垂直基准面（面 3）。

5) 锉削垂直基准面的平行面（面 4）。

6) 测量尺寸和形位公差及去毛刺等。

## 4.4 项目总结

通过此项目的训练,能熟练识读零件图,制定锉削的工艺路线,正确选择锉削工具、量具和刀具,锻炼锉削姿势,检测锉削质量。锉削过程中经常检测锉削平面情况,便于及时调整锉削位置。根据项目的实施情况,完成表 4 – 12。

表 4 – 12　平面锉削评价

| 项次 | 项目与技术要求 | 配分 | 评分标准 | 学生自评 | 小组互评 | 教师评价 |
| --- | --- | --- | --- | --- | --- | --- |
| 1 | 能熟练识读锉削零件图样 | 10 | 否则扣分 | | | |
| 2 | 能正确制定锉削工艺路线 | 10 | 每错 1 项扣 2 分 | | | |
| 3 | 能正确选用锉削工具、量具、刃具 | 10 | 每错 1 项扣 1 分 | | | |
| 4 | 锉削姿势正确 | 10 | 发现 1 项不正确扣 2 分 | | | |
| 5 | 60 ± 0.1 | 10 | 超差全扣 | | | |
| 6 | 80 ± 0.1 | 10 | 超差全扣 | | | |
| 7 | ▱ 0.015（4 处） | 2.5 × 4 | 超差 1 处扣 2.5 分 | | | |
| 8 | ⊥ 0.05（2 处） | 5 × 2 | 超差 1 处扣 5 分 | | | |
| 9 | $Ra$ 3.2（4 处） | 2.5 × 4 | 超差 1 处扣 2.5 分 | | | |
| 10 | 安全文明生产 | 10 | 违者全扣 | | | |

## 4.5　拓展案例——曲面锉削

### 4.5.1　曲面锉削的方法

曲面锉削有外圆弧面的锉削、内圆弧面的锉削、球面的锉削和平面与曲面连接锉削四种。

**1. 外圆弧面的锉削**

外圆弧面的锉削如图 4 – 3 所示。

1）顺着圆弧面锉（滚锉法）：锉削时,锉刀向前,右手下压,左手上提,同时绕工件圆弧中心转动。此方法适用于精锉圆弧面。

2）横着圆弧面锉（顺锉法）：锉削时,推动锉刀进行直线运动的同时随工件做圆弧摆动。此方法适用于圆弧面的粗加工。

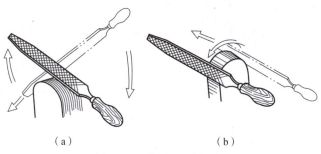

图4-3 外圆弧面的锉削
(a) 顺着圆弧面锉；(b) 横着圆弧面锉

**2. 内圆弧面的锉削**

内圆弧面的锉削如图4-4所示。

用圆锉或者半圆锉锉削。锉内圆弧面时，锉刀要同时完成以下三个运动：

1）沿轴向做前进运动，以保证沿轴向方向全程切削。

2）向左或向右移动半个至一个锉刀直径，以避免加工表面出现棱角。

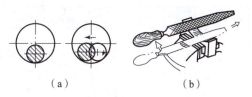

图4-4 内圆弧面的锉削
(a) 滚锉法；(b) 顺锉法

3）绕锉刀轴线转动（约90°）。若只有前两个运动而没有这一转动，锉刀的工作面仍不是沿工件的圆弧曲线运动，而是沿工件圆弧的切线方向运动。因此只有同时具备这三种运动，才能使锉刀工作面沿圆弧方向做锉削运动，从而锉好内圆弧。

**3. 球面的锉削**

锉削圆柱形工件端部的球面时，锉刀以顺向和横向两种曲面锉法结合进行，如图4-5所示。

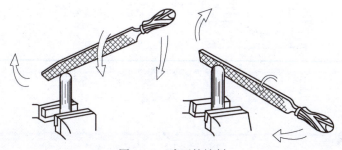

图4-5 球面的锉削

**4. 平面与曲面连接锉削**

一般情况下，应先加工平面，然后再加工曲面。加工平面时，锉刀横向移动不能超过圆弧与平面的切点，以保证曲面与平面圆弧光滑连接，如图4-6所示。

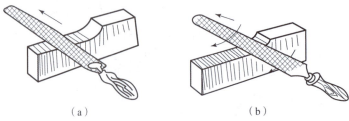

图 4-6 平面与曲面连接锉削
(a) 锉平面;(b) 锉曲面

### 4.5.2 曲面线轮廓度的检查方法

一般使用半径规、曲面样板,通过塞尺或透光法进行检测;或用检验棒涂红丹粉通过研磨进行检测,具体见表 4-13。

表 4-13 曲面线轮廓度的检查方法

| 方法 | 示意图 | 说明 |
| --- | --- | --- |
| 用半径规检测 | (R7-14.5 半径规示意图) | 将半径规或曲面样板与被测轮廓对合,从垂直于被测轮廓的方向观察,根据透过光线的强弱判断间隙大小,取最大间隙作为该工件的线轮廓度误差 |
| 用曲面样板检测 | (曲面样板示意图) | |
| 用检验棒检验 | (检验棒示意图) | 用检验棒与被测轮廓对研,根据研磨点均匀程度判断该工件线轮廓度是否符合要求 |

# 项目五 锯 削

**素质目标：**
1. 培养学生灵活思维能力；
2. 培养学生严谨治学的态度；
3. 培养学生理论联系实际的思维方法；
4. 培养学生自主分析和吃苦的工匠精神。

**知识目标：**
1. 掌握锯削工具及其使用方法；
2. 掌握锯削的姿势及要领；
3. 掌握板件、棒料、薄管、深缝和薄板的锯削方法。

**能力目标：**
1. 具备零件图的识读能力和加工工艺路线制定的能力；
2. 具备锯削前选择工量具和刃具的能力；
3. 具备锯削平面质量分析和纠正的能力。

大国工匠

## 5.1 项目提出

根据锯削图样分析，由于余量比较多，为了提高加工效率或者节约材料，通常采用分割材料的方法。钳工中最常用的分割材料的方法是手工锯削，它也是钳工必须掌握的基本技能。手工锯削适宜于对较小材料或工件的加工，具体如图 5-1 所示。

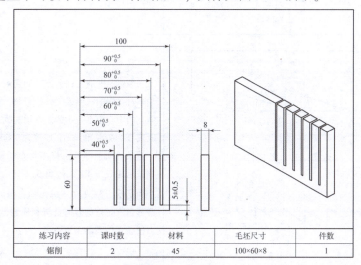

图 5-1 锯削零件

## 5.2 项目分析

认真分析解读所给的零件图,选择锯削工具,制定锯削工艺路线。检查备料尺寸并划锯削加工线。从所划线的外侧起锯,将材料锯削开来,保持锯缝的质量,同时注意装夹工件时所划线应伸出钳口 20 mm 左右。

## 5.3 项目实施

### 5.3.1 锯削的工具及其使用

常用锯削工具的功用及相关知识见表 5-1。

锯削基础知识

表 5-1 常用锯削工具的功用及相关知识

| 名称 | 图例 | 功用及相关知识 |
| --- | --- | --- |
| 锯弓 | （a）固定式<br>（b）可调式 | 两种锯弓各有两个夹头。夹头上的销子插入锯条的安装孔后,可通过旋转翼形螺母来调节锯条的张紧程度。<br>锯弓的作用是张紧锯条,且便于双手操持。有固定式和可调式两种,一般选用可调式锯弓,这种锯弓的锯架分为前、后两段。前段套在后段内可伸缩,故能安装几种长度规格的锯条,灵活性好,已经得到广泛应用 |
| 锯条 | （a）<br>（b） | 安装锯条时应使锯齿方向与切削方向一致。锯条是用来直接锯削材料或工件的刃具,其规格是以两端安装孔的中心距来表示的。常用的锯条规格是 300 mm,其宽度为 10~25 mm,厚度为 0.60~1.25 mm。<br>锯条的切削部分由许多均布的锯齿组成。常用的锯条后角 $\alpha_0 = 40°$,楔角 $\beta_0 = 50°$,前角 $\gamma_0 = 0°$,如左图所示。制成这一后角和楔角的目的,是使切削部分具有足够的容屑空间和使锯齿具有一定的强度,以便获得较高的工作效率 |

续表

| 名称 | 图例 | 功用及相关知识 |
|---|---|---|
| 手持式电动切割机 | 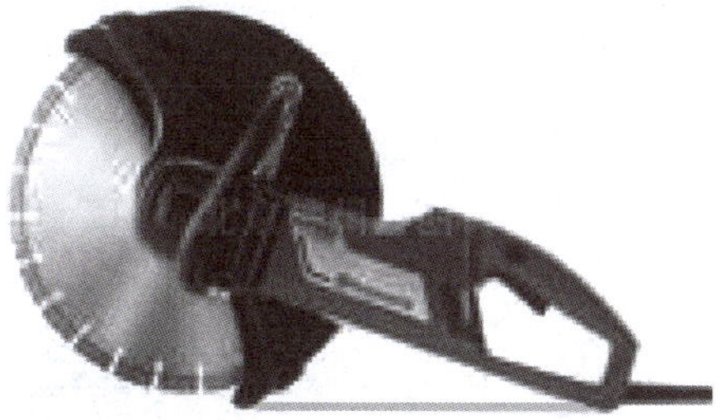 | 在高速旋转的主轴前端安装超薄的外圆刀刃切割刀片,对被加工物进行切割或开槽,双重绝缘电动机,头壳齿轮箱接地,防止意外的人身触电伤害。双动作开关,能防止不经意间启动机器。配备了软启动开关,能降低对电网的冲击,同时能防止猛烈的冲击使机器脱手的危险。电子调速线路板能提供由于工作条件的不同而需要的不同的转速 |

### 5.3.2 锯削的动作要领

锯削的动作要领及起锯方法见表 5-2。

表 5-2 锯削的动作要领及起锯方法

| 内容 | 说明 | 动作要领 | 示意图 |
|---|---|---|---|
| 锯削姿势及锯削运动 | 正确的锯削姿势能减轻疲劳,提高工作效率 | (1) 握锯时,要自然舒展,右手握手柄,左手轻扶锯弓前端。<br>(2) 锯削时,夹持工件的台虎钳高度要适合锯削时的用力需要,即从操作者的下颚到钳口的距离以一拳一肘的高度为宜,如图(a)所示。<br>(3) 锯削时右腿伸直,左腿弯曲,身体向前倾斜,重心落在左脚上,两脚站稳不动,靠左膝的屈伸使身体做往复摆动。即起锯时,身体稍向前倾,与竖直方向约成 10°,此时右肘尽量向后收,如图(b)所示。随着推锯的行程增大,身体逐渐向前倾斜。行程达 2/3 时,身体倾斜约 18°,左、右臂均向前伸出,如图(c)、(d)所示。当锯削最后 1/3 行程时,用手腕推进锯弓,身体随着锯的反作用力退回到 15°位置,如图(e)所示。锯削行程结束后,取消压力,将手和身体都退回到最初位 |  (a) <br><br>(b) |

续表

| 内容 | 说明 | 动作要领 | 示意图 |
|---|---|---|---|
| 锯削姿势及锯削运动 | 正确的锯削姿势能减轻疲劳，提高工作效率 | （4）锯削速度以每分钟 20～40 次为宜。速度过快，易使锯条发热，磨损加重。速度过慢，又直接影响锯削效率。一般锯削软材料时可快些，锯削硬材料时可慢些。必要时可用切削液对锯条冷却润滑。<br>（5）锯削时，不要仅使用锯条的中间部分，而应尽量在全长度范围内使用。为避免局部磨损，一般应使锯条的行程不小于锯条长的 2/3，以延长锯条的使用寿命。<br>（6）锯削时锯弓的运动形式有两种：一种是直线运动，适用于锯薄形工件和直槽；另一种是摆动运动，即在前进时，右手下压而左手上提，操作自然省力。锯断材料时，一般采用摆动式运动。<br>（7）锯弓前进时，一般需加不大的压力，而后拉时不加压力 | （c）<br>（d）<br>（e） |

续表

| 内容 | | 说明 | 动作要领 | 示意图 |
|---|---|---|---|---|
| 起锯方法 | 远起锯 | 远起锯是指从工件远离操作者的一端起锯。此时锯条逐步切入材料，不易被卡住。一般应采用远起锯的方法 | （1）无论用哪一种起锯方法，起锯角度都要小些，一般不大于15°，如图（c）所示。<br>（2）如果起锯角太大，锯齿易被工件的棱边卡住，如图（d）所示。<br>（3）但起锯角太小，会由于同时与工件接触的齿数多而不易切入材料，锯条还可能打滑，使锯缝发生偏离，工件表面被拉出多道锯痕而影响表面质量，如图（e）所示。<br>（4）为了使起锯平稳，位置准确，可用左手大拇指确定锯条位置，如图（f）所示，起锯时要压力小，行程短 | 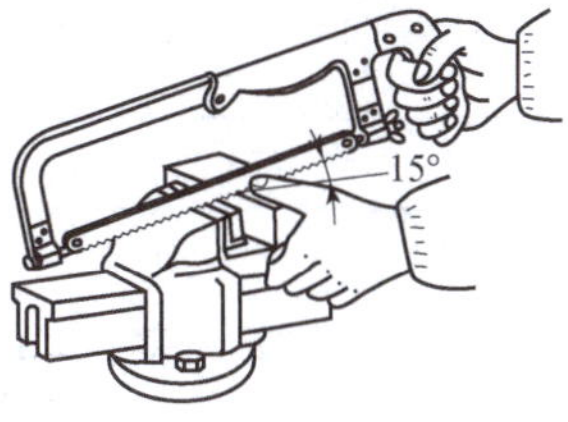 （a）远起锯 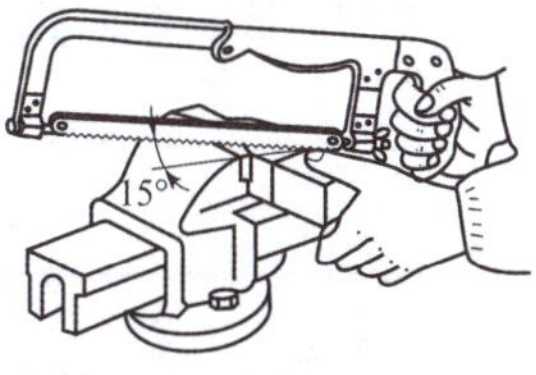<br>（b）近起锯 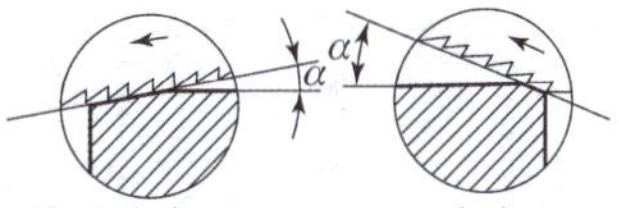<br>（c）　　（d） 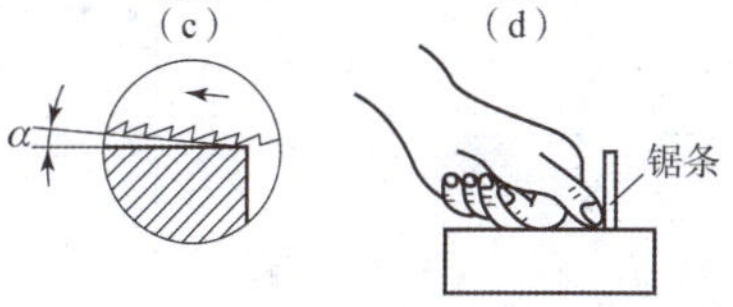<br>（e）　　（f）锯条 |
| | 近起锯 | 近起锯是指从工件靠近操作者的一端起锯。如果这种方法掌握不好，锯齿会一下子切入较深，而易被棱边卡住，使锯条崩裂 | | |
| 锯路 | | 为减少锯缝两侧面对锯条的摩擦阻力，避免锯条被夹住或折断，锯路有交叉形［图（a）］和波浪形［图（b）］等 | 锯齿按一定的规律左右错开，排列成一定形状 | 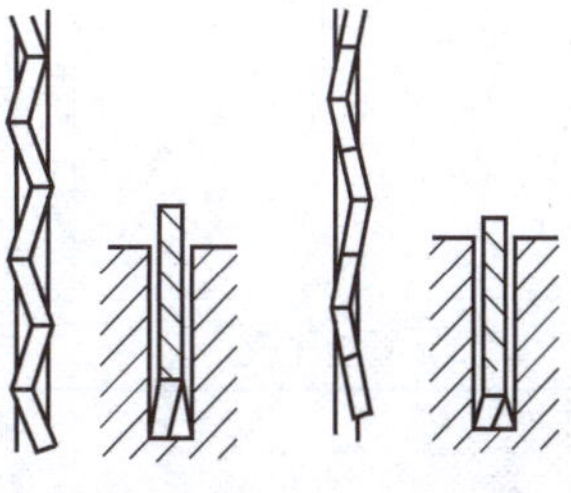 （a）　　（b） |

### 5.3.3 锯削的操作方法

**1. 根据加工零件图，选择工具与量具（表5-3）**

表5-3　工具与量具明细

| 序号 | 分类 | 名称 | 规格/mm | 精度/mm | 数量 |
|---|---|---|---|---|---|
| 1 | 量具 | 游标卡尺 | 0~150 | 0.02 | 根据需要 |
| 2 | | 游标高度尺 | 0~300 | 0.02 | 根据需要 |

续表

| 序号 | 分类 | 名称 | 规格 | 精度 | 数量 |
|---|---|---|---|---|---|
| 3 | 工具、刀具 | 锯弓 | | | 1 |
| 4 | | 锯条 | 300 | 中齿 | 若干 |
| 5 | 其他 | | | | 根据需要 |

**2. 具体操作步骤（表 5-4）**

表 5-4 具体操作步骤

| 操作步骤 | 操作示意图 | 说　　明 |
|---|---|---|
| （1）划线 | 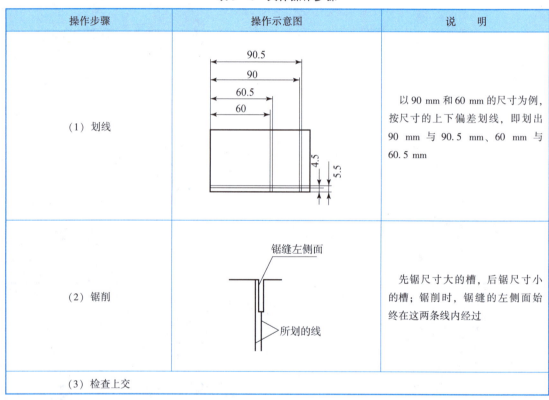 | 以 90 mm 和 60 mm 的尺寸为例，按尺寸的上下偏差划线，即划出 90 mm 与 90.5 mm、60 mm 与 60.5 mm |
| （2）锯削 | | 先锯尺寸大的槽，后锯尺寸小的槽；锯削时，锯缝的左侧面始终在这两条线内经过 |
| （3）检查上交 | | |

### 5.3.4 锯削的注意事项

1）锯削前，注意工件的夹持及锯条锯齿方向的安装要正确。
2）起锯时，起锯角大小要正确，锯削时的摆动姿势要自然。
3）随时注意控制好锯缝的平直，及时借正。
4）掌握锯条折断可能产生的以下原因：
①工件未夹紧，锯削时工件有松动。
②锯条装得过松或过紧。
③锯削压力太大或锯削方向突然偏离锯缝方向。
④强行纠正歪斜的锯缝，或调换新锯条后仍在原锯缝过猛地锯下。
⑤锯削时锯条中间局部磨损，当拉长锯削时锯条被卡住而引起折断。

⑥中途停止使用时，手锯未从工件中取出而碰断。

5）掌握锯缝歪斜可能产生的以下原因：

①工件安装时，锯缝线未能与铅垂线方向保持一致。

②锯条安装太松或相对锯弓平面扭曲。

③锯削压力太大而使锯条左右偏摆。

④锯弓未扶正或用力歪斜。

## 5.4 项目总结

通过本项目的训练，能熟读锯削加工的图样，制定锯削加工的路线，正确选择锯削的工量具和刃具，训练自己的锯削姿势，保证装夹工件正确、锯削位置准确，锯削的平面度要整齐，及时查看锯削质量，发现问题并及时纠正。最后根据项目的实施情况，完成锯削平面项目评价表（表5-5）。

表5-5 锯削项目评价

| 项次 | 项目与技术要求 | 配分 | 评分标准 | 学生自评 | 小组互评 | 教师评价 |
|---|---|---|---|---|---|---|
| 1 | $90_{\ 0}^{+0.5}$ | 10 | 超差全扣 | | | |
| 2 | $80_{\ 0}^{+0.5}$ | 10 | 超差全扣 | | | |
| 3 | $70_{\ 0}^{+0.5}$ | 10 | 超差全扣 | | | |
| 4 | $60_{\ 0}^{+0.5}$ | 10 | 超差全扣 | | | |
| 5 | $50_{\ 0}^{+0.5}$ | 10 | 超差全扣 | | | |
| 6 | $40_{\ 0}^{+0.5}$ | 10 | 超差全扣 | | | |
| 7 | 握锯正确、自然 | 14 | 酌情扣分 | | | |
| 8 | 锯削姿势正确 | 10 | 酌情扣分 | | | |
| 9 | 锯纹整齐 | 6 | 酌情扣分 | | | |
| 10 | 安全文明生产 | 10 | 酌情扣分 | | | |

## 5.5 拓展案例——棒料、薄管、深缝、薄板的锯削

### 5.5.1 棒料的锯削

若要求锯削断面平整，则应从开始起连续锯到结束。若断面要求不高，则可分几个方向锯下。锯到一定程度时，用手锤将棒料击断，具体如图5-2所示。

### 5.5.2 薄管的锯削

锯削薄管时，应先在一个方向锯到管子内壁处，然后把管子向推锯的方向转过一定角度，并连接原锯缝再锯到管子的内壁处。如此反复，直到锯断为止。具体如图 5-3 所示。

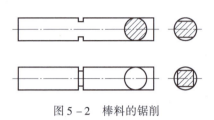

图 5-2 棒料的锯削

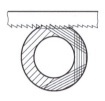

图 5-3 薄管的锯削

### 5.5.3 深缝的锯削

当锯缝深度超过锯弓高度时，可将锯条转过 90°，重新装夹后再锯，具体如图 5-4 所示。

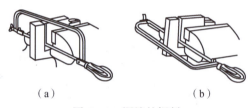

（a） （b）

图 5-4 深缝的锯削

### 5.5.4 薄板的锯削

可将薄板夹在两木块之间进行锯削，或手锯做横向斜推锯，具体如图 5-5 所示。

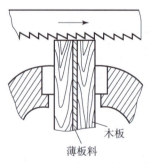

图 5-5 薄板的锯削

# 项目6 钻孔

**素质目标：**

1. 培养学生的规范意识、标准意识和法律意识；
2. 培养学生计算和分析数据的能力；
3. 培养学生坚强的意志和良好的心理素质能力。

**知识目标：**

1. 了解常用钻床及辅件的基本功用及选择方法；
2. 掌握麻花钻的组成；
3. 掌握钻孔的基本方法及操作要领。

**能力目标：**

1. 具备识读简单钻孔零件图的能力；
2. 具备对零件图加工工艺分析能力；
3. 具备对钻孔质量分析和纠正的能力。

## 6.1 项目提出

大国工匠

根据钻孔加工的零件图进行分析，了解并掌握钻孔在机械制造中是一项普通而又重要的工作，在机械加工总量中占有很大的比例，尤其在机械零件的装配中起到重要的连接作用，是钳工应掌握的基本操作技能之一。

用钻头在实体材料上加工出孔的过程称为钻孔。钻孔加工的零件如图 6-1 所示。

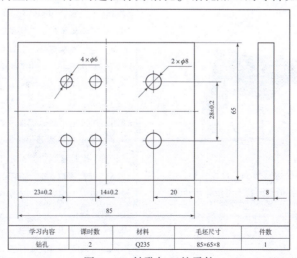

图 6-1 钻孔加工的零件

## 6.2 项目分析

认真分析解读零件图,选择钻床、钻头,制定钻削工艺路线。先按图样要求划出孔的中心线,并找到中心位置,打出每个孔的中心冲眼,划出孔的圆周线便于进行同轴校正。装夹工件后起钻钻出浅坑,观察浅坑与划线圆是否同轴,如果偏心,及时借正。起钻达到钻孔位置要求后,进给完成钻孔。用同样的方法依次完成其他孔的钻削。

## 6.3 项目实施

### 6.3.1 常用钻床及辅件简介

**1. 常用钻床**

钻床的种类很多,常用的钻床有台式钻床、立式钻床和摇臂钻床等。这里介绍一种生产和生活常用的钻削工具——手电钻,手电钻可分为三类:手电钻、冲击钻和锤钻。其优点为结构简单、质量轻、体积小、携带方便、不占空间、操作容易等,适用于大多数的工作场所及不同的行业。手电钻的功用及相关知识见表 6-1。

表 6-1 手电钻的功用及相关知识

| 图例及说明 | 功用及相关知识 |
| --- | --- |
| 手电钻<br>安装钻头时,先用钥匙拧松钻夹头,待插入钻头后再用钥匙旋紧钻夹头。左手握住把柄,右手食指扣动开关 | 手电钻是电磁旋转式或电磁往复式小容量电动机,电动机转子做磁场切割做功运转,通过传动机构驱动作业装置,带动齿轮加大钻头的动力,从而使钻头刮削物体表面,更好地洞穿物体。使用时应注意以下几点:<br>(1) 根据孔径选择相应规格的钻头。<br>(2) 使用的电源要符合标牌规定值。<br>(3) 电钻外壳要采取接零或接地保护措施。插上电源插销,用试电笔测试确保外壳不带电方可使用。<br>(4) 手电钻导线要保护好,严禁乱拖,防止轧坏、割破,更不准把电线拖到油水中,防止油水腐蚀电线。<br>(5) 使用手电钻时一定要戴胶皮手套,穿胶布鞋;在潮湿的地方工作时,必须站在橡皮垫或干燥的木板上工作,以防触电。<br>(6) 使用手电钻时发现电钻漏电、振动、高热或者有异声时,应立即停止工作,找电工检查修理。 |

续表

| 图例及说明 | 功用及相关知识 |
|---|---|
| 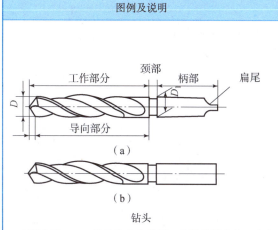<br>钻头<br>直径大于 13 mm 的钻头多为锥柄,其尾部端头有一个扁尾,如图(a)所示;直径在 13 mm 以下的钻头都是柱柄式麻花钻头,如图(b)所示 | (7) 钻头锋利,钻孔时用力适度。当用力压电钻时,必须使电钻垂直工作,而且固定端要特别牢固。<br>(8) 电钻的转速突然降低或停止转动时应赶快放松开关,切断电源,慢慢拔出钻头。当孔要钻通时应适当减轻压力。<br>(9) 使用时要注意观察电刷火花的大小,若火花过大应停止使用并进行检查维修。<br>(10) 手电钻未完全停止转动时,不能卸、换钻头。<br>(11) 在有易燃、易爆气体的场合不能使用电钻。<br>(12) 不要在运行的仪表和计算机旁使用电钻,更不能与操作的仪表和计算机共用一个电源。<br>(13) 注意电钻的维护与保养,保持整流子清洁,定期更换电刷和润滑油 |

## 2. 钻孔辅件

钻孔辅件主要包括钻头及工件装夹的辅助器具及设备,常用的钻孔辅件功用及相关知识见表 6-2。

表 6-2 常用的钻孔辅件功用及相关知识

| 名称 | 图例 | 功用及其相关知识 |
|---|---|---|
| 钻夹头 | 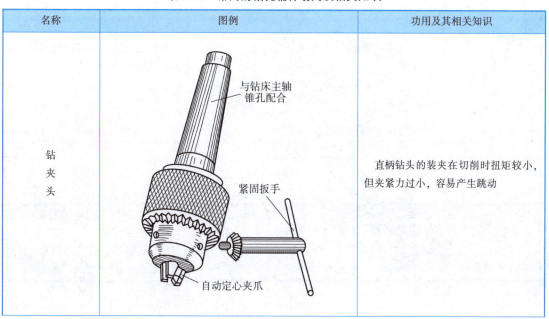 | 直柄钻头的装夹在切削时扭矩较小,但夹紧力过小,容易产生跳动 |

| 名称 | 图例 | 功用及其相关知识 |
|---|---|---|
| 锥柄钻头 | | 直接或通过过渡套筒将钻头和钻床主轴锥孔配合，这种方法配合牢靠，同轴度高。应注意的是，换钻头时，一定要停车，以确保安全 |
| 手虎钳 | | 夹持工件。<br>用于钻孔直径在 8 mm 以下和孔口需要倒角的场合 |
| 平口钳 | | 夹持工件。<br>用于钻孔直径在 8 mm 以上或用手不能握牢的小工件 |
| V 形铁和压板 | （a）　　（b） | 夹持圆形工件。<br>(1) 钻头轴心线位于 V 形铁的对称中心。<br>(2) 钻通孔时，应将工件钻孔部位离 V 形铁端面一段距离，避免将 V 形铁钻坏 |

续表

| 名称 | 图例 | 功用及其相关知识 |
|---|---|---|
| 压板 | 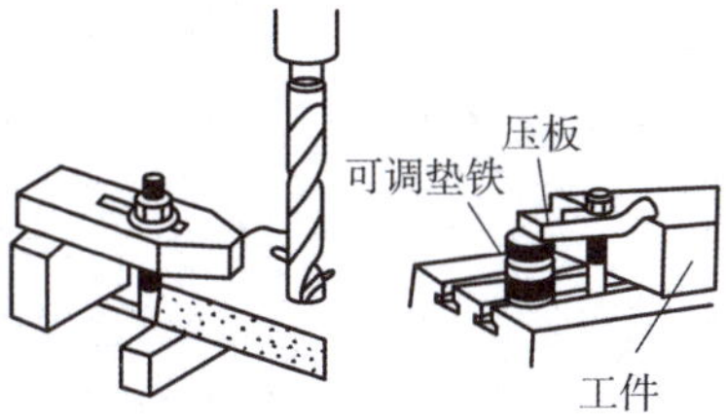 (a) (b) | 夹持工件。<br>(1) 钻孔直径在 10 mm 以上。<br>(2) 压板后端需根据工件高度用垫铁调整 |
| 钻床夹具 | 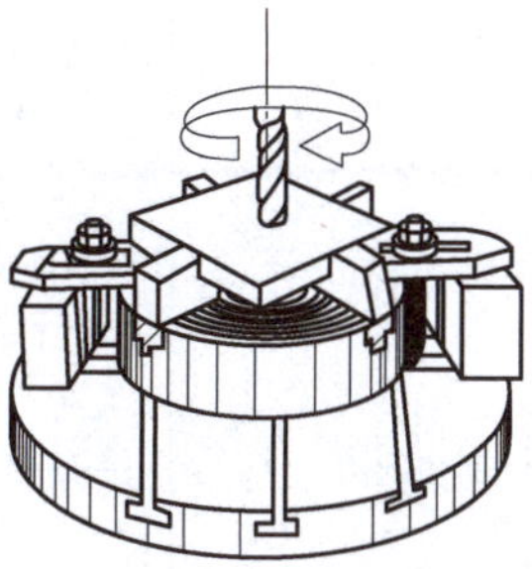 | 夹持工件。<br>适用于钻孔精度要求高，零件生产批量大的场合 |

## 6.3.2 麻花钻的组成、功用

麻花钻的组成、功用及相关知识见表6-3，其装卸过程基本同手电钻钻头的装卸过程。

表6-3 麻花钻的组成、功用及相关知识

| 组成部分 | 图例 | 功用及其相关知识 |
|---|---|---|
| 1. 柄部 | 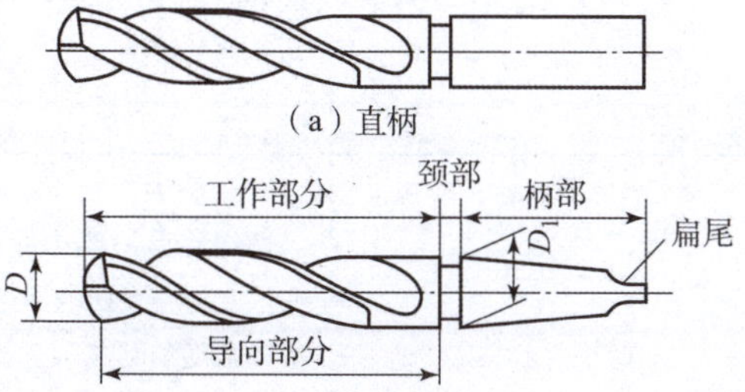 （a）直柄<br>（b）锥柄 | 按形状不同，柄部可分为直柄和锥柄两种。直柄所能传递的扭矩较小，用于直径在 13 mm 以下的钻头。当钻头直径大于 13 mm 时，一般采用锥柄。锥柄的扁尾既能增加传递的扭矩，又能避免工作时钻头打滑，还能供拆钻头时敲击之用 |
| 2. 颈部 | | 颈部位于柄部和工作部分之间，主要作用是在磨削钻头时供砂轮退刀用；其次，还可刻印钻头的规格、商标和材料等，以供选择和识别 |

续表

| 组成部分 | | 图例 | 功用及其相关知识 |
|---|---|---|---|
| 3. 工作部分 | （1）切削部分 | <br>（c）切削部分 | 切削部分承担主要的切削工作。切削部分的六面五刃，如图（c）所示：<br>（1）两个前面：切削部分的两螺旋槽表面。<br>（2）两个后面：切削部分顶端的两个曲面，加工时它与工件的切削表面相对。<br>（3）两个副后面：与已加工表面相对的钻头两棱边。<br>（4）两条主切削刃：两个前面与两个后面的交线，其夹角称为顶角（$2\phi$），通常为116°~118°（标准为118°±2°）<br>（5）两条副切削刃：两个前面与两个副后面的交线。<br>（6）一条横刃：两个后面的交线 |
| | （2）导向部分 | | 在钻孔时导向部分起引导钻削方向和修光孔壁的作用，同时也是切削部分的备用段。导向部分的各组成要素的作用是：<br>（1）螺旋槽：两条螺旋槽使两个刀瓣形成两个前面，每一刀瓣可看成一把外圆车刀。切屑的排出和切削液的输送都是沿此槽进行的。<br>（2）棱边：在导向面上制得很窄且沿螺旋槽边缘突起的窄边称为棱边。它的外缘不是圆柱形，而是被磨成倒锥，即直径向柄部逐渐减小。这样，棱边既能在切削时起导向及修光孔壁的作用，又能减少钻头与孔壁的摩擦 |
| 4. 钻心 | | | 两螺旋形刀瓣中间的实心部分称为钻心。它的直径向柄部逐渐增大，以增强钻头的强度和刚性 |

## 6.3.3 钻孔的操作要领

钻孔加工的操作要点及注意事项见表6-4。

钻孔的方法

表6-4 钻孔加工的操作要点及注意事项

| 内容 | 操作要点及注意事项 | 示意图 |
|---|---|---|
| 确定加工界线 | 钻孔前,要在工件上打上样冲眼作为加工界线,中心眼应打大些,如图(a)所示。钻孔时先用钻头在孔的中心钻一小坑(约占孔径的1/4),检查小坑与所划圆是否同心。如稍有偏离,可用样冲将中心冲大矫正或移动工件借正。如偏离较多,可用窄錾在偏斜相反方向凿几条槽再钻,便可以逐渐将偏斜部分矫正过来,如图(b)所示 | 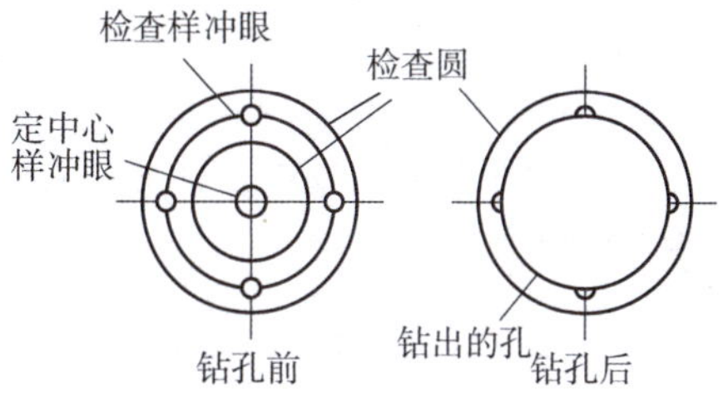 (a)钻孔前打样冲眼 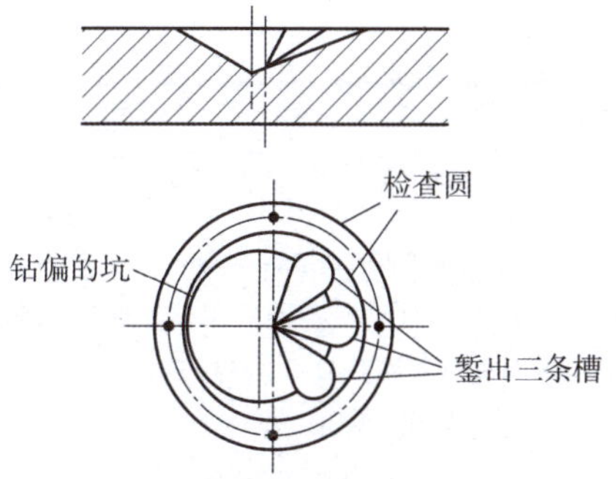<br>(b)錾槽纠正钻偏的孔 |
| 钻通孔 | 工件下面应放垫铁,或把钻头对准工作台空槽。在孔将被钻透时,进给量要小,变自动进给为手动进给,避免钻头在钻穿的瞬间抖动,出现"啃刀"现象,从而影响加工质量,损坏钻头,甚至发生事故 | |
| 钻盲孔 | 要注意掌握钻孔深度。控制钻孔深度的方法有:<br>(1)调整好钻床上深度标尺挡块。<br>(2)安置控制长度量具或用划线做记号 | |
| 钻深孔 | 用接长钻头加工。加工时要经常退钻排屑。如为不通孔,则需注意测量与调整钻深挡块 | 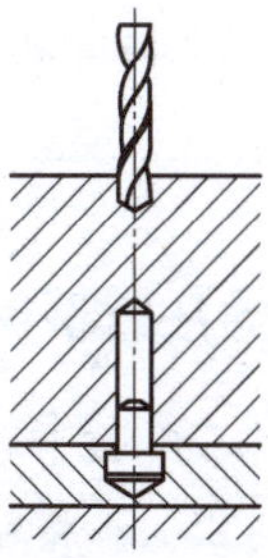 |
| 钻大孔 | 直径D超过30 mm的孔应分两次钻。第一次用(0.5~0.7)D的钻头先钻,再用所需直径的钻头将孔扩大。这样,既有利于钻头负荷分担,也有利于提高钻孔质量 | 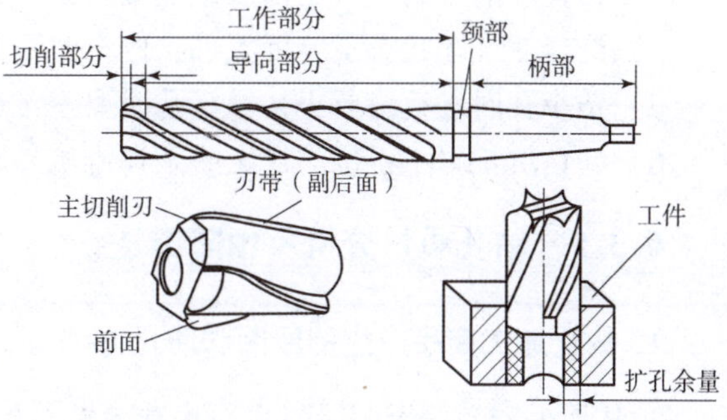 |

续表

| 内容 | 操作要点及注意事项 | 示意图 |
|---|---|---|
| 斜面钻孔 | （1）在工件钻孔处铣一小平面后钻孔。<br>（2）用錾子先錾一小平面，再用中心钻钻一锥坑后钻孔 |  |
| 钻半圆孔与骑缝孔 | （1）可把两件合起来钻削。<br>（2）两件材质不同的工件钻骑缝孔时，样冲眼应打在略偏向硬材料的一边。<br>（3）使用半孔钻 |  |
| 切削液的选择 | 钻削钢件时，为降低表面粗糙度多使用机油做冷却润滑油；为提高生产率，多使用乳化液。钻削铝件时，多用乳化液、煤油做切削液；钻削铸铁件时，用煤油做切削液 | |

### 6.3.4 钻孔的注意事项

1）操作钻床时不准戴手套，女生必须戴工作帽。
2）工件必须夹紧，孔将钻穿时进给量要小。
3）钻孔时的切屑不可用棉纱或嘴吹来清除，必须用毛刷或钩子来清除。
4）严禁在开车状态下装拆工件，停车时不可用手去刹主轴。
5）钻小孔时进给量要小，钻深孔时要经常退钻排屑。
6）起钻坑位置不正确的校正必须在锥坑外圆小于钻头直径之前完成。

### 6.3.5 钻孔质量分析及预防方法

**1. 钻孔加工废品产生的原因和防止方法**

钻孔加工废品产生的原因和防止方法见表 6-5。

表6–5 钻孔加工废品产生的原因和防止方法

| 废品形式 | 废品产生原因 | 防止方法 |
| --- | --- | --- |
| 孔径大 | (1) 钻头两切削刃长度不等，角度不对。<br>(2) 钻头产生摆动 | (1) 正确刃磨钻头。<br>(2) 重新装夹钻头，消除摆动 |
| 孔呈多角形 | (1) 钻头后角太大。<br>(2) 钻头两切削刃长度不等，角度不对称 | 正确刃磨钻头，检查顶角、后角和切削刃 |
| 孔歪斜 | (1) 工件表面与钻头轴线不垂直。<br>(2) 进给量太大，钻头弯曲。<br>(3) 钻头横刃太长，定心不良 | (1) 正确装夹工件。<br>(2) 选择合适的进给量。<br>(3) 磨短横刃 |
| 孔壁粗糙 | (1) 钻头不锋利。<br>(2) 后角太大。<br>(3) 进给量太大。<br>(4) 冷却不足，切削液润滑性能差 | (1) 刃磨钻头，保持切削刃锋利。<br>(2) 减小后角。<br>(3) 减小进给量。<br>(4) 选用润滑性能好的切削液 |
| 钻孔位偏移 | (1) 划线或样冲眼中心不准。<br>(2) 工件装夹不准。<br>(3) 钻头横刃太长，定心不准 | (1) 检查划线尺寸和样冲眼位置。<br>(2) 工件要装稳夹紧。<br>(3) 磨短横刃 |

### 2. 钻孔时钻头损坏的原因和预防方法

钻孔时钻头损坏的原因和预防方法见表6–6。

表6–6 钻孔时钻头损坏的原因和预防方法

| 损坏形式 | 损坏原因 | 预防方法 |
| --- | --- | --- |
| 钻头工作部分折断 | (1) 用钝钻头钻孔。<br>(2) 进给量太大。<br>(3) 切屑塞住钻头螺旋槽，未及时排出。<br>(4) 孔快钻通时，进给量突然增大。<br>(5) 工件松动。<br>(6) 钻孔产生歪斜，仍继续工作 | (1) 把钻头磨锋利。<br>(2) 正确选择进给量。<br>(3) 钻头应及时退出，排出切屑。<br>(4) 孔快钻通时，减小进给量。<br>(5) 将工件装稳紧固。<br>(6) 纠正钻头位置，减小进给量 |
| 切削刃迅速磨损 | (1) 切削速度过高，切削液不充分。<br>(2) 钻头刃磨角度与工件硬度不适应 | (1) 降低切削速度，充分冷却。<br>(2) 根据工件硬度选择钻头刃磨角度 |

### 3. 操作步骤

1) 认真分析零件图（图6–1），选择钻床、钻头，制定钻削工艺路线。
2) 按照图样要求，划出 4×φ6、2×φ8 孔的中心线，找到中心位置。

3) 在 φ6、φ8 孔的中心打样冲眼,划出孔的圆周线。
4) 装夹工件,安装钻头。
5) 对中心,起钻出浅坑,观察浅坑与划线圆是否同心,如果偏心及时纠正。
6) 起钻达到钻孔位置要求后,手进给完成钻孔。
7) 用同样的方法依次完成其他孔的钻削。

## 6.4 项目总结

通过本项目的训练,能正确识读孔加工图样,制定孔加工工艺路线,选择钻孔相关的工具、量具和刃具。一般来讲,在操作中用小钻头钻孔时,钻速快些,进给量要小些;大钻头正好相反,钻头要夹紧,工件要夹平、夹紧,修正偏离要在锥坑外圆小于钻头直径之前完成,如偏位过大,可在工件反面重新划线起钻。根据项目的实施情况,对照检测项目完成表6-7。

表6-7 钻孔项目评价

| 项次 | 项目与技术要求 | 配分 | 评分标准 | 学生自评 | 小组互评 | 教师评价 |
| --- | --- | --- | --- | --- | --- | --- |
| 1 | 能熟练识读孔加工图样 | 5 | 否则全扣 | | | |
| 2 | 能制定孔加工工艺路线 | 5 | 每错1项扣2分 | | | |
| 3 | 能正确选用钻孔相关工具、量具和刃具等 | 5 | 每错1项扣1分 | | | |
| 4 | 钻削姿势正确 | 5 | 发现1项不正确扣2分 | | | |
| 5 | 划线正确 | 5 | 错误不得分 | | | |
| 6 | 样冲眼大小、位置 | 5 | 总体评定 | | | |
| 7 | 借正是否正确 | 5 | 不正确不得分 | | | |
| 8 | 浅坑与划线圆周线的同轴度 | 5 | 不同轴不得分 | | | |
| 9 | 孔径 φ6 | 2×4 | 超差1处扣2分 | | | |
| 10 | 孔径 φ8 | 2×4 | 超差1处扣4分 | | | |
| 11 | 孔边距 23±0.2 | 8 | 超差全扣 | | | |
| 12 | 孔边距 20 | 8 | 超差全扣 | | | |
| 13 | 中心距 14±0.2 | 8 | 超差全扣 | | | |
| 14 | 中心距 28±0.2 | 8 | 超差全扣 | | | |
| 15 | 安全文明生产 | 12 | 违者全扣 | | | |

## 6.5 拓展案例——麻花钻的刃磨及检测

### 6.5.1 麻花钻刃磨的要求

刃磨麻花钻主要是为了获得符合切削条件的几何角度，使刃口锋利。刃磨麻花钻主要通过手工，凭借经验在砂轮机上进行。麻花钻的刃磨好坏，直接影响钻孔质量和钻孔效率，具体要求见表 6-8。

表 6-8 麻花钻刃磨的要求

| 项目 | 顶角 2φ | 外缘处的后角 α | 横刃斜角 ψ | 两主切削刃 | 两主后面 |
|---|---|---|---|---|---|
| 刃磨要求 | 118°±2° | 8°~14° | 50°~55° | 等长、对称 | 刃磨光滑 |

### 6.5.2 麻花钻刃磨的方法

（1）钻头的握持

右手握住钻头的头部做支点，左手握住柄部，以钻头前端支点为圆心使柄部做上下摆动，并略带旋转，如图 6-2 所示。

图 6-2 钻头的握持

（2）刃磨

操作者站在砂轮机侧面，与砂轮机回转平面呈 45°。为保证顶角为 118°±2°，将主切削刃略高于砂轮水平中心面处先接触砂轮，右手缓慢地使钻头绕自己的轴线由下向上转动，同时施加适当的刃磨压力，使整个后面磨到，左手配合右手做缓慢的同步下压运动，刃磨压力逐渐加大，便于磨出后角。

为保证钻头中心处磨出较大的后角，还应做适当的右移运动。刃磨时两手的配合要协调、自然，按此方法不断反复地交替刃磨两后面，直至达到刃磨要求，如图 6-3 所示。

### 6.5.3 麻花钻刃磨的检测

钻头刃磨后采用样板进行检查，一般采用目测法。麻花钻磨好后，把钻头垂直竖在与眼等高的位置上，在明亮的背景下，用眼观察两刃的长短和高低，但由于视差关系，往往感到左刃高，右刃低，此时要把钻头转过 180°，再进行观察，这样反复观察对比，最后感到两刃基本对称就可使用。如果发现两边主刀刃有偏差，必须继续修磨。检测方法如图 6-4 和图 6-5 所示。

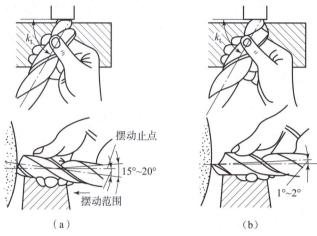

图 6-3 钻头的刃磨
(a) 刃磨顶角；(b) 刃磨后角

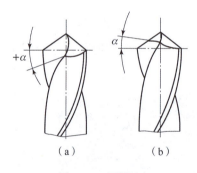

图 6-4 目测法
(a) 刃磨正确；(b) 刃磨错误

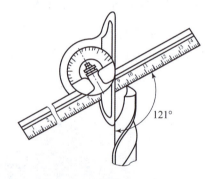

图 6-5 万能角度尺测量法

# 项目7　扩孔、锪孔及铰孔

**素质目标：**
1. 培养学生分析问题的能力；
2. 培养学生胆大心细严谨的作风；
3. 培养学生安全意识和独立工作的能力；
4. 培养学生理论联系实际的思维方法。

**知识目标：**
1. 掌握钻孔、锪孔及铰孔的作用及形式；
2. 掌握钻孔、锪孔及铰孔的操作方法；
3. 掌握钻孔、锪孔及铰孔工量具选择及加工时注意事项。

**能力目标：**
1. 具备分析简单零件图的能力；
2. 具备选择钻床、麻花钻和锪孔钻，制定钻孔、锪孔及铰孔的工艺路线能力；
3. 具备钻孔、锪孔及铰孔的基本操作能力；
4. 具备孔类零件加工选择加工方法的能力。

## 7.1　项目提出

加工比较大的孔时，由于轴向切削力比较大，一次性钻削不能保证孔的加工质量，需要在钻孔的基础上对孔进行再加工，直至达到孔的实际尺寸为止，这就是扩孔。钻孔完成之后，将孔口表面加工成一定的形状，满足实际工作要求，这就需要锪孔。对已钻孔的内壁表面粗糙度要求较高时，必须进行精加工，也就是铰孔。孔加工零件如图 7–1 所示。

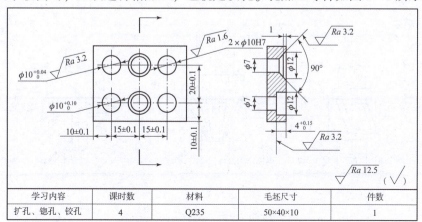

图 7–1　扩孔、锪孔、铰孔零件

## 7.2 项目分析

认真分析解读零件图,选择钻床、麻花钻和锪孔钻,制定钻削、扩孔、锪孔、铰孔工艺路线。按图样要求划线,钻孔完成后进行扩孔、锪孔、铰孔加工,直至达到图样的要求。

## 7.3 项目实施

### 7.3.1 扩孔、锪孔、铰孔的作用及形式

**1. 扩孔的作用及形式**

当孔径较大时,为了防止钻孔产生过多的热量而造成工件变形或切削力过大,或为了更好地控制孔径尺寸,往往先钻出比要求的孔径小的孔,然后再把孔径扩大至要求,这就是扩孔。扩孔精度可达 IT10~IT9,表面粗糙度可达 $Ra$ 12.5~3.2。具体如图 7-2 所示。

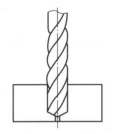
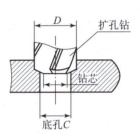

图 7-2 扩孔加工

**2. 锪孔的作用及形式**

在零件加工过程中,常遇到如图 7-3 所示的孔口形状,这时需用锪孔的方法加工。锪孔类型主要有圆柱形沉孔、圆锥形沉孔以及锪孔口的凸台面(端面),其主要作用是保证孔与连接件具有正确的相对位置,使连接更可靠。加工时按孔口的形状要求刃磨钻头即可。

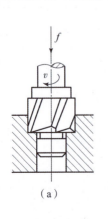
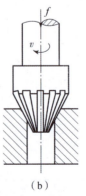
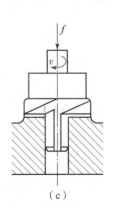

(a)   (b)   (c)

图 7-3 锪孔加工

(a) 锪柱孔;(b) 锪锥孔;(c) 锪端面

### 3. 铰孔的作用及形式

当孔的精度需要4级或4级以上,要获得较准确的孔时,在钻、锪孔后,还要进行铰孔。铰孔是精加工之一。铰孔用的刀具是铰刀。

铰孔分为手工铰孔和机用铰孔两种,钳工主要训练手工铰孔。孔径较大的孔,由于切削力较大,多采用机用铰孔;另外,大批量生产也使用机用铰孔。

(1) 铰刀的结构

铰刀由柄部、颈部和工作部分组成。其中,工作部分又分为切削部分和校准部分(锥铰刀除外),如图7-4所示。常用的铰刀有整体圆柱铰刀、可调节的手用铰刀、锥铰刀、螺旋槽手用铰刀以及硬质合金机用铰刀等。

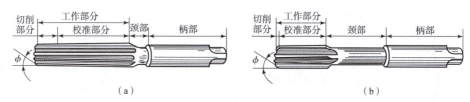

图7-4 铰刀的结构
(a) 手用铰刀;(b) 机用铰刀

(2) 铰削余量

铰削余量是指由上道工序(钻孔或扩孔)留下来在直径方向的待加工量。铰削余量的控制是铰孔的关键,与孔径大小、工件材料、尺寸精度要求、表面粗糙度要求、铰刀类型、操作者水平经验有关。铰削余量的推荐值见表7-1。

表7-1 铰削余量的推荐值　　　　　　　　　　　　　　　　mm

| 铰孔直径 | 0~5 | 6~20 | 21~32 | 33~50 | 51~70 |
|---|---|---|---|---|---|
| 铰削余量 | 0.1~0.2 | 0.2~0.3 | 0.3 | 0.5 | 0.8 |

(3) 铰孔时的冷却润滑

因铰孔时,铰刀与孔壁摩擦较严重会产生大量的热量,所以必须选用适当的切削液,以减少摩擦和散热,同时也将切屑及时冲掉,提高铰孔质量。切削液的选用见表7-2。

表7-2 切削液的选用

| 被加工工件材料 | 适用的切削液 |
|---|---|
| 钢 | 1. 10%~20%的乳化液。<br>2. 铰孔要求高时,用30%的菜油加70%的肥皂水。<br>3. 铰孔要求更高时,用菜油、柴油、猪油。 |
| 铸铁 | 1. 不用。<br>2. 煤油(会引起孔径缩小,最大收缩量为0.02~0.04 mm)。<br>3. 低浓度乳化液。 |
| 铝 | 煤油 |
| 铜 | 乳化液 |

### 7.3.2 扩孔、锪孔、铰孔的操作方法

**1. 扩孔操作要领**

（1）扩孔时的切削深度

$$a_p = (D-d)/2$$

式中：$D$——扩孔后的直径（mm）；

$d$——工件上已有孔的直径（mm）。

（2）扩孔时的切削用量

1）切削深度 $a_p = (D-d)/2$。

2）进给量 $f$ 为钻孔时的 1.5~2.0 倍。

3）切削速度 $v_c$ 为钻孔时的 1/2。

（3）扩孔钻的适用范围

在一般情况下可以采用麻花钻来代替扩孔钻，扩孔钻适用于成批的生产。

**2. 锪孔操作方法**

锪孔操作主要由锪钻来完成。锪钻的种类分为柱形锪钻、锥形锪钻和端面锪钻三种。

（1）柱形锪钻用于圆柱形埋头孔

柱形锪钻的主要切削作用是端面刀刃，螺旋槽的斜角就是它的前角。锪钻前端有导柱，导柱直径与工件已有孔成为紧密的间隙配合，保证良好的定心和导向。

（2）锥形锪钻用于锪锥形孔

锥形锪钻按工件锥形埋头孔的要求不同有 60°、75°、90°、120°四种。其中 90°的用得最多。

（3）端面锪钻主要用来锪平孔口端面

端面锪钻可以保证孔的端面与轴中心线的垂直度，当已加工的孔径较小时，为了使刀杆保持一定的强度，可将刀杆头部的一段直径与已加工孔成为间隙配合，保证良好的导向作用。锪平底孔时，必须先用普通麻花钻扩出一个阶台孔作导向，然后再用平底锪钻锪至要求的深度尺寸，即按"一钻、二扩、三锪"的顺序进行，具体如图 7-5 所示。

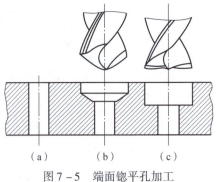

图 7-5 端面锪平孔加工

(a) 一钻；(b) 二扩；(3) 三锪

**3. 手工铰孔操作要点**

1）确定底孔加工方法和切削余量。

2）检查铰刀的质量和尺寸。

3）工件夹正、夹牢而不变形。

4）两手用力要平衡，按顺时针方向转动并略微用力下压（任何时候都不能倒转），铰刀不得摇摆，以保持铰削的稳定性，避免在孔口处出现喇叭口或将孔径扩大。

5）进给量的大小和转动速度要适当、均匀，并不断地加入切削液。

6）铰孔完成后，要顺时针方向旋转并退出铰刀。不论进刀还是退刀都不能反转，否则会使切屑卡在孔壁与刀齿后刀面形成的楔形腔内，将孔壁刮毛，甚至挤崩刀刃。

7）要变换每次的停歇位置，以消除铰刀常在同一处停歇而造成的振痕。

8）铰削过程中，如果铰刀转不动，不能硬扳转铰刀，应小心地抽出铰刀，检查铰刀是否被切屑卡住或遇到硬点，否则会使刀刃崩裂或折断铰刀。

9）铰削时，要注意经常清除粘在刀齿上的切屑。如铰刀刀齿出现磨损，可用油石仔细修磨刀刃，以使刀刃锋利。

### 7.3.3 扩孔、锪孔、铰孔的注意事项

**1. 扩孔操作注意事项**

在实际生产中常用麻花钻扩孔。当采用麻花钻扩孔时，底孔直径一般为要求直径的 50%~70%。采用扩孔钻扩孔时，底孔直径一般为要求直径的 90%。切削速度要比钻孔小，进给可采用机动或手动；采用手动进给时，进给量要均匀、一致。

**2. 锪孔操作注意事项**

1）尽量选用较短的钻头，保证改制后钻头切削刃高低一致，角度对称，以减小加工时的振动。

2）保证底孔与锪钻同轴，工件要装夹牢固。

3）要适当减小锪钻的后角和外缘处的前角，以防扎刀、振动或出现多边形。

4）锪孔时的切削速度一般为钻孔时的 1/3~1/2。同时，由于锪孔加工的轴向抗力较小，所以手进给压力不宜过大，进给要均匀。精锪时，可利用钻床停车后主轴的惯性来锪孔，以减小振动而获得光滑表面。

5）锪钢件时，因切削热量较大，需在切削表面加注切削液。

6）为控制锪孔深度，应经常测量，必要时，可定位机床标尺来确保锪孔深度。

**3. 铰孔操作注意事项**

1）铰刀刀刃较锋利，刀刃上如有毛刺或切屑黏附，不可用手清除。

2）使用铰刀时，应防止铰刀掉落而造成损伤。

3）使用完毕铰刀要将其擦洗干净，给其涂上机油；放置时要保护好刀刃，防止其与硬物碰撞。

### 7.3.4 操作步骤

扩孔、锪孔、铰孔零件的加工步骤见表 7-3。

表7-3 扩孔、锪孔、铰孔零件的加工步骤

| 序号 | 操作步骤 | 操作图示 | 操作说明 |
|---|---|---|---|
| 1 | 划线 | 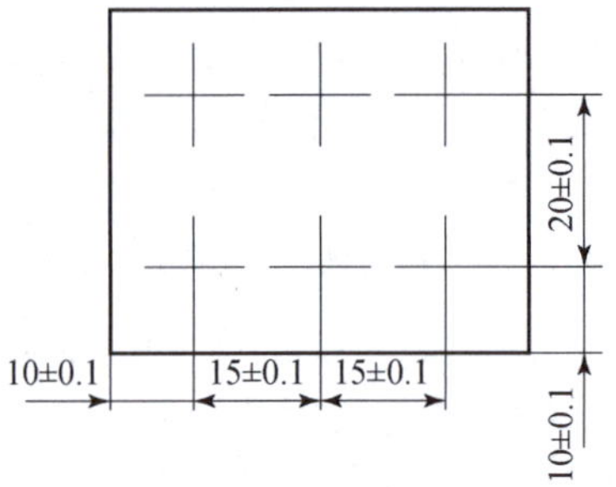 尺寸：10±0.1, 15±0.1, 15±0.1, 10±0.1, 20±0.1 | 按图样要求划出各个孔位置线，要求划线基准和设计基准重合，并一次完成划线，且线条细而清晰，位置准备，冲点大小适当而不偏斜 |
| 2 | 工件装夹 | | 用机用虎钳装夹，要求工件上平面与钻床主轴轴线垂直 |
| 3 | 钻左下孔 | 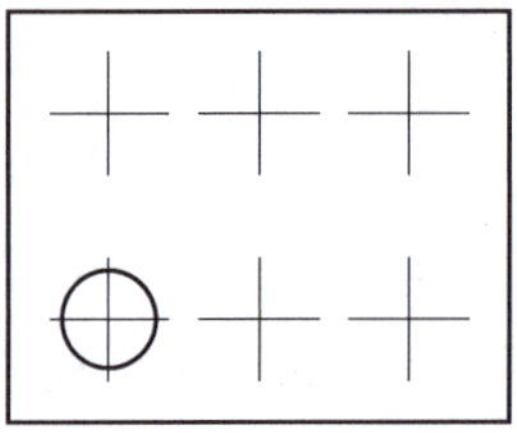 | 用φ10钻头找正钻孔，要求合理地选择转速 |
| 4 | 钻、扩左上孔 | 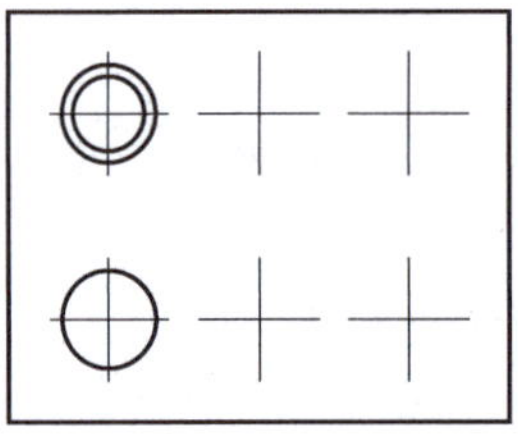 | 先用φ7钻头找正钻孔，再用φ10钻头扩孔，要求合理地选择转速和进给量，扩孔时保证与底孔同轴 |
| 5 | 钻、锪中下平底孔 | 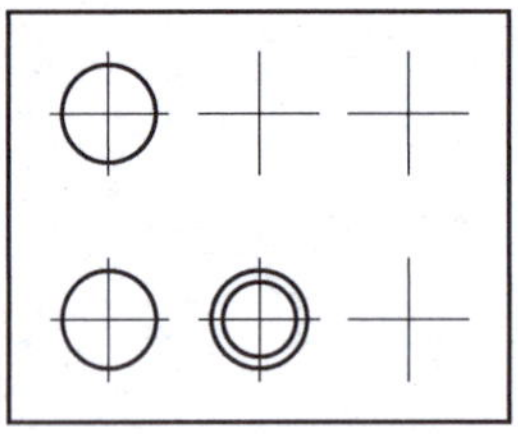 | 先用φ7钻头找正钻孔，再用φ12钻头扩孔（扩孔深度为2 mm左右），最后用φ12平底锪钻锪至图样要求的深度 |
| 6 | 钻、锪中上锥形孔 | 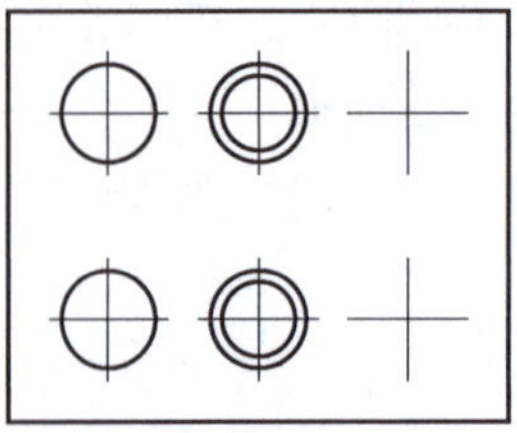 | 先用φ7钻头找正钻孔，再用φ12钻头（顶角为90°）锪至图样要求的深度 |

续表

| 序号 | 操作步骤 | 操作图示 | 操作说明 |
|---|---|---|---|
| 7 | 钻、扩、铰 $\phi10H7$ 两孔 | 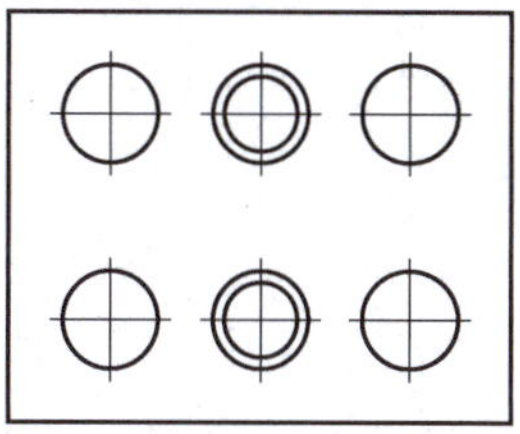 | （1）先用 $\phi7$ 钻头找正钻右下孔，再用 $\phi9.8$ 钻头扩孔。<br>（2）用同样方法钻、扩右上孔。<br>（3）孔口倒角 $C0.5$（正反两面）。<br>（4）将工件夹在台虎钳上，用铰杠夹持铰刀方身处，按操作要领进行铰孔 |
| 8 | 总体检查 | | 去毛刺，锐角倒钝，并进行全面自检 |

## 7.4 项目总结

钻孔是进行扩孔和锪孔的前提，扩孔和锪孔时尽可能保证扩孔钻和锪孔轴线与二次加工孔的中心线重合，扩孔和锪孔结束后要进行检查，只有合格之后方可从平口钳上拆下。铰孔要保证铰刀和工件垂直，在铰削之前要对铰刀和孔内部进行润滑，严禁铰刀反方向运动。对照零件图的检测内容，完成表7-4。

表7-4 扩孔、锪孔、铰孔零件的加工评价

| 项次 | 项目与技术要求 | 配分 | 评分标准 | 学生自评 | 小组互评 | 教师评价 |
|---|---|---|---|---|---|---|
| 1 | 孔边距 $10\pm0.1$（5处） | 15 | 超差全扣 | | | |
| 2 | 中心距 $15\pm0.1$（4处） | 16 | 超差全扣 | | | |
| 3 | 中心距 $20\pm0.1$（3处） | 15 | 超差全扣 | | | |
| 4 | 钻孔直径 $\phi10^{+0.10}_{0}$ | 3 | 超差全扣 | | | |
| 5 | 扩孔直径 $\phi10^{+0.04}_{0}$ | 4 | 超差全扣 | | | |
| 6 | 铰孔直径（2处） | 8 | 超差全扣 | | | |
| 7 | 锪孔角度 | 3 | 超差全扣 | | | |
| 8 | 锪孔深度 | 4 | 超差全扣 | | | |
| 9 | 钻孔粗糙度 $Ra$ 12.5（3处） | 6 | 超差全扣 | | | |
| 10 | 扩孔粗糙度 $Ra$ 3.2 | 4 | 超差全扣 | | | |
| 11 | 锪孔粗糙度 $Ra$ 3.2（2处） | 4 | 超差全扣 | | | |
| 12 | 铰孔粗糙度 $Ra$ 1.6（2处） | 8 | 超差全扣 | | | |
| 13 | 安全文明生产 | 10 | 超差全扣 | | | |

## 7.5 拓展案例——机用铰孔介绍

### 7.5.1 机铰刀介绍

铰刀分为手铰刀和机铰刀,手铰刀切削部分较长、导向性好,机铰刀切削部分短,多为锥柄,可安装在钻床或车床上。机铰刀材料为高速钢(HSS),生产效率高,而手铰刀的工作范围更广些。

### 7.5.2 机用铰孔的加工方法

1)要注意机床主轴、铰刀、工件底孔三者之间的同轴度是否符合要求,必要时可用浮动装夹的方式。

2)切削速度和进给量选择要适当。用高速钢铰刀铰削钢件时,$v$ 取 4~8 m/min,$f$ 取 0.5~1.0 mm/r;铰削铸铁件时,$v$ 取 6~8 m/min,$f$ 取 0.5~1.0 mm/r;铰削铜件时,$v$ 取 8~12 m/min,$f$ 取 1.0~1.2 mm/r。

3)铰孔完成后,必须待铰刀退出后再停车,避免铰刀将孔壁拉出刀痕。

4)铰削通孔时,铰刀的校准部分不能全部超过工件的下边,否则,容易将孔出口处划伤,划坏孔壁。

5)铰孔时,要及时加注润滑冷却液。

### 7.5.3 机用铰孔加工的注意事项

1)机铰时,应使工件一次性装夹进行钻、铰工作,以保证铰刀中心线与钻孔中心线重合。

2)机铰时,为了获得较小的加工表面粗糙度,避免产生积屑瘤,减少切削热及变形,应取较小的切削速度。

3)铰孔的加工余量一般为 0.05~0.25 mm,小孔取小值,大孔取大值。铰孔一般选用低切速和较大的进给量(为钻孔的 3 倍左右)。

# 项目8　攻　螺　纹

**素质目标：**
1. 培养学生的安全意识、节约意识和低碳环保意识；
2. 培养学生探索创新思维能力；
3. 培养学生计算和分析数据的能力；
4. 培养学生精益求精的工匠精神。

**知识目标：**
1. 了解攻螺纹的工具及辅件的作用及选择；
2. 掌握攻螺纹的方法及操作要领；
3. 掌握内螺纹的检测方法及质量分析。

**能力目标：**
1. 具备零件图的分析能力；
2. 具备攻螺纹的工艺路线制定及划线能力；
3. 具备攻螺纹质量分析和校正能力。

## 8.1　项目提出

在各种机械设备上，有大量的螺纹连接存在，所以在装配和修配工作中，经常会遇到攻螺纹，也就是用丝锥在圆孔内表面加工内螺纹。内螺纹传统的加工方法就是用丝锥来进行。攻螺纹图样如图8-1所示。

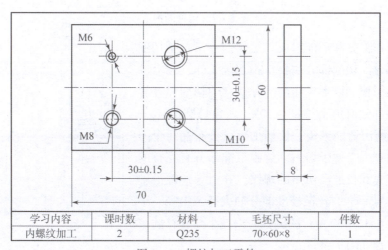

图8-1　螺纹加工零件

## 8.2 项目分析

对给定的零件图进行分析,合理选择丝锥、铰杠,制定攻螺纹工艺路线。按图划出螺纹孔的底孔加工线。首先进行钻削底孔,然后进行两端孔口倒角,最后进行攻螺纹加工。攻螺纹一般用于加工普通螺纹,所以工具简单,操作方便,生产效率低,主要用于单件或小批量的小直径螺纹加工。

## 8.3 项目实施

### 8.3.1 攻螺纹的工具及辅具

丝锥是加工内螺纹的工具,有机用丝锥和手用丝锥两种。机用丝锥通常指高速钢磨牙丝锥,其螺纹公差带分 H1、H2、H3 三种。手用丝锥用碳素工具钢和合金工具钢制造,螺纹公差带为 H4。

**1. 丝锥的构造**

丝锥的构造如图 8-2 所示。

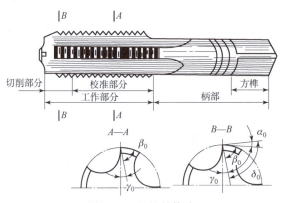

图 8-2 丝锥的构造

丝锥由工作部分和柄部组成。工作部分又包括切削部分和校准部分。切削部分主要承担切削工作,它沿轴向开有几条容屑槽,以形成切削部分锋利的切削刃并容纳切屑。切削部分前角 $\gamma_0 = 8° \sim 10°$,后角铲磨成 $\alpha_0 = 6° \sim 8°$。前端磨出切削锥角,使切削负荷分布在几个刀齿上,使切削省力,便于切入。丝锥校准部分有完整的牙型,用来修光和校准已切出的螺纹,并引导丝锥沿轴向前进,后角 $\alpha_0 = 6°$。丝锥校准部分的大径、中径、小径均有 0.05~0.12/100 mm 的倒锥,以减小与螺孔的摩擦,减小所攻螺孔的扩张量。

为了制造和刃磨方便,丝锥上的容屑槽一般做成直

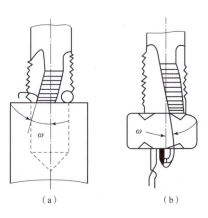

图 8-3 螺旋槽丝锥

槽。有些专用丝锥为了控制排屑方向,被做成螺旋槽,如图8-3所示。加工不通孔螺纹时,为使切削向上排出,容屑槽做成右旋槽,如图8-3(a)所示。加工通孔螺纹时,为使切削向下排出,容屑槽做成左旋槽,如图8-3(b)所示。一般丝锥的容屑槽为3~4个。丝锥柄部有方榫,用以夹持并传递扭矩。

**2. 成组丝锥切削用量分配**

为了减小切削力和延长丝锥的使用寿命,一般将整个切削工作量分配给几支丝锥来担当。通常M6~M24的丝锥每组有2支;M6以下及M24以上的丝锥每组有3支;细牙螺丝锥为2支一组。成套丝锥中,对每支丝锥切削量的分配有两种方式:

(1)锥形分配

如图8-4(a)所示,一组丝锥中,每支丝锥的大径、中径、小径都相等,切削部分的切削锥角及长度不等。锥形分配切削量的丝锥也叫等径丝锥。当攻制通孔螺纹时,用头攻(初锥)一次切削即可加工完毕,二攻(也叫中锥)、三攻(底锥)则用得较少。一组丝锥中,每支丝锥磨损很不均匀。由于头攻经常攻削,变形严重,加工表面粗糙度差。一般只有M12以下丝锥采用锥形分配。

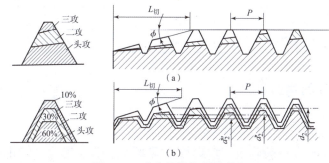

图8-4 成套丝锥切削量分配
(a)锥形分配;(b)柱形分配

(2)柱形分配

如图8-4(b)所示,柱形分配切削量的丝锥也叫不等径丝锥。即头攻(也叫第一粗锥)、二攻(第二粗锥)的大径、中径、小径都比三攻(精锥)小。头攻、二攻的中径一样,大径不一样;头攻大径小,二攻大径大。这种丝锥的切削量分配比较合理,三支一套的丝锥按6:3:1比例分担切削量,两支一套的丝锥按7.5:2.5比例分担切削量,切削省力,各锥磨损量差别小,使用寿命较长。同时末锥(精锥)的两侧也参加少量切削,所以加工表面粗糙度值较小。一般M12以上的丝锥多属于这一种。

**3. 丝锥的种类**

丝锥种类很多,钳工常用的有机用、手用普通螺纹丝锥、圆柱管螺纹丝锥,圆锥管螺纹丝锥等。机用和手用普通螺纹丝锥有粗牙、细牙之分,粗柄、细柄之分,单支、成组之分,等径、不等径之分。此外,还有长柄机用丝锥、短柄螺母丝锥、长柄螺母丝锥等。

**4. 铰杠**

铰杠是手工攻螺纹时用来夹持丝锥柄部方榫,带动丝锥旋转切削的工具,分普通铰杠(图8-5)和丁字铰杠(图8-6)两种。各类铰杠又可分为固定式和活络式两种。其中丁字铰杠适用于在凸台旁边或箱体内部攻丝,活络式丁字铰杠用于 M6 以下丝锥,普通铰杠固定式用于 M5 以下丝锥。

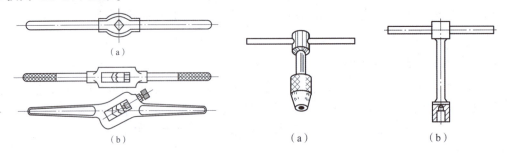

图 8-5　普通铰杠　　　　　　　图 8-6　丁字铰杠
（a）固定式；（b）活络式　　　（a）固定式；（b）活络式

铰杠的方孔尺寸和柄的长度都有一定的规格,使用时应按丝锥尺寸的大小合理选用,以便控制一定的攻丝扭矩,选用时可参考表 8-1。

表 8-1　铰杠长度的选择　　　　　　　　　　　　　　　　　mm

| 丝锥直径 | ≤6 | 8~10 | 12~14 | ≥16 |
|---|---|---|---|---|
| 铰杠长度 | 150~200 | 200~250 | 250~300 | 400~450 |

### 8.3.2　攻螺纹的操作要领

**1. 攻螺纹工艺**

1）攻螺纹前底孔直径的确定：攻螺纹前需要先钻螺纹底孔,底孔直径（即钻孔直径）必须稍大于螺纹小径,其大小既可查有关手册,也可用经验公式计算。

经验公式：

塑性材料（钢、紫铜等）：$D_{底} = D - P$

脆性材料（铸铁、青铜等）：$D_{底} = D - 1.1P$

式中：$D_{底}$——底孔直径（mm）；

　　　$D$——螺纹公称直径（mm）；

　　　$P$——螺距（mm）。

常用普通公制螺纹钻孔直径也可从表 8-2 中查得。

表 8-2　攻螺纹前常用普通公制螺纹钻孔直径　　　　　　　　mm

| 螺纹直径 | 螺距 | 钻孔直径 | | 螺纹直径 | 螺距 | 钻孔直径 | |
|---|---|---|---|---|---|---|---|
| | | 铸铁、黄铜、青铜 | 钢、可锻铸铁 | | | 铸铁、黄铜、青铜 | 钢、可锻铸铁 |
| 2 | 0.4 | 1.6 | 1.6 | 12 | 1.75 | 10.1 | 10.2 |
| | 0.25 | 1.75 | 1.75 | | 1.5 | 10.4 | 10.5 |
| | | | | | 1.25 | 10.6 | 10.7 |
| | | | | | 1 | 10.9 | 11 |

续表

| 螺纹直径 | 螺距 | 钻孔直径 | | 螺纹直径 | 螺距 | 钻孔直径 | |
|---|---|---|---|---|---|---|---|
| | | 铸铁、黄铜、青铜 | 钢、可锻铸铁 | | | 铸铁、黄铜、青铜 | 钢、可锻铸铁 |
| 2.5 | 0.45<br>0.35 | 2.05<br>2.15 | 2.05<br>2.15 | 14 | 2<br>1.5<br>1 | 11.8<br>12.4<br>12.9 | 12<br>12.5<br>13 |
| 3 | 0.5<br>0.35 | 2.5<br>2.65 | 2.5<br>2.65 | 16 | 2<br>1.5<br>1 | 13.8<br>14.4<br>14.9 | 14<br>14.5<br>15 |
| 4 | 0.7<br>0.5 | 3.3<br>3.5 | 3.3<br>3.5 | 18 | 2.5<br>2<br>1.5<br>1 | 15.3<br>15.8<br>16.4<br>16.9 | 15.5<br>16<br>16.5<br>17 |
| 5 | 0.8<br>0.5 | 4.1<br>4.5 | 4.2<br>4.5 | 20 | 2.5<br>2<br>1.5<br>1 | 17.3<br>17.8<br>18.4<br>18.9 | 17.5<br>18<br>18.5<br>19 |
| 6 | 1<br>0.75 | 4.9<br>5.2 | 5<br>5.2 | 22 | 2.5<br>2<br>1.5<br>1 | 19.3<br>19.8<br>20.4<br>20.9 | 19.5<br>20<br>20.5<br>21 |
| 8 | 1.25<br>1<br>0.75 | 6.6<br>6.9<br>7.1 | 6.7<br>7<br>7.2 | 24 | 3<br>2<br>1.5<br>1 | 20.7<br>21.8<br>22.4<br>22.9 | 21<br>22<br>22.5 |
| 10 | 1.5<br>1.25<br>1<br>0.75 | 8.4<br>8.6<br>8.9<br>9.1 | 8.5<br>8.7<br>9<br>9.2 | 25 | | | 23 |

2）在攻盲孔（不通孔）的螺纹时，因丝锥不能攻到底，所以孔的深度要大于螺纹长度，如图 8-7 所示。

一般取： 孔的深度 $L$ = 要求螺纹的长度 $l + 0.7D$

式中：$L$——钻孔深度（mm）；
　　　$l$——螺纹有效深度（mm）；
　　　$D$——螺纹大径（mm）。

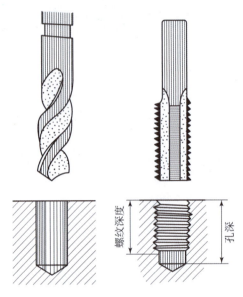

图 8-7　不通孔螺纹的钻孔深度

3）切削液的选择：为了及时散发热量，冲走切屑，提高螺纹表面质量，攻螺纹时应正确选择切削液，可参考表 8-3 选取。

表 8-3　切削液的选择

| 工件材料 | 切削液 |
| --- | --- |
| 钢 | 肥皂水、乳化液、机油、豆油等 |
| 铸铁 | 煤油或不用 |
| 铝及铝合金 | 煤油、松节油、浓乳化液 |
| 铜 | 菜籽油或豆油 |

**2. 攻螺纹的操作要领**

攻螺纹的操作要领见表 8-4。

表 8-4　攻螺纹的操作要领

| 内容 | 操作要领 | 示意图 |
| --- | --- | --- |
| 准备工作 | 攻螺纹前螺纹底孔口要倒角，使丝锥容易切入，并防止攻螺纹后孔口的螺纹崩裂。工件的装夹位置要正确，应尽量使螺孔中心线置于水平或垂直位置，其目的是攻螺纹时便于判断丝锥是否垂直于工件平面 |  |

续表

| 内容 | 操作要领 | 示意图 |
|---|---|---|
| 用头锥起攻螺纹 | 起攻时应把丝锥放正,用右手掌按住铰杠中部沿丝锥中心线用力加压,此时左手配合做顺向旋进;或两手握住铰杠两端平衡施加压力,并将丝锥顺向旋进,保持丝锥中心与孔中心线重合,不能歪斜,如图(a)所示。当切削部分切入工件1~2圈时,用目测或用角尺检查来校正丝锥的位置,如图(b)所示。当切削部分全部切入工件时,应停止对丝锥施加压力,只需平稳地转动铰杠,靠丝锥上的螺纹自然旋进。经常将丝锥反方向转动1/2圈左右,使切屑碎断后容易排出,避免切屑过长咬住丝锥 | (a)攻螺纹的方法<br><br>(b)垂直度的检查 |
| 用二锥攻螺纹 | 先用手将丝锥旋入已攻出的螺孔中,直到用手旋不动时,再用铰杠进行攻螺纹,这样可以避免损坏已攻出的螺纹和防止烂牙 | |
| 攻不通孔螺纹 | 攻不通孔螺纹时,在丝锥上做好深度标记,经常退出丝锥,排出孔中的切屑。当将要攻到孔底时,更应及时排出孔底积屑,以免攻到孔底时丝锥被轧住 | |
| 攻通孔螺纹 | 丝锥校准部分不应全部攻出头,否则会扩大或损坏孔口最后几牙螺纹 | |
| 退出丝锥 | 退出丝锥应先用铰杠带动螺纹平稳地反向转动,当能用手直接旋动丝锥时,应停止使用铰杠,以防铰杠带动丝锥退出时产生摇摆和振动,破坏螺纹表面的粗糙度 | |
| 攻不同材料工件上的螺孔 | 在攻材料硬度较高的螺孔时,应头锥、二锥交替攻削,这样可减轻头锥切削部分的载荷,防止丝锥折断。攻塑性材料的螺孔时,要加切削液,以减少切削阻力和提高螺孔的表面质量,延长丝锥的使用寿命。一般用机油或浓度较大的乳化液,要求高的螺孔也可用菜油或二硫化钼等 | |

### 8.3.3 攻螺纹的注意事项

1)攻螺纹前,应先在底孔孔口处倒角,其直径略大于螺纹大径。

2)开始攻螺纹时,应将丝锥放正,用力要适当。

3)当切入1~2圈时,要仔细观察和校正丝锥的轴线方向,要边工作、

攻螺纹易出现的问题和原因

边检查、边校准。当旋入 3~4 圈时，丝锥的位置应正确无误，转动铰杠，丝锥将自然攻入工件，绝不能对丝锥施加压力，否则将破坏螺纹牙型。

4）工作中，丝锥每转 1/2~1 圈，丝锥要倒转 1/2 圈，将切屑切断并挤出。尤其是攻不通孔螺纹孔时，要及时退出丝锥排屑。

5）用成组丝锥攻螺纹时，必须按头攻、二攻、三攻的顺序攻削至标准尺寸。当更换一支丝锥后二攻丝锥时，要先用手旋入至不能再旋入时，再改用铰杠夹持丝锥工作。

6）在塑料上攻螺纹时，要加机油或切削液润滑。

7）将丝锥退出时，最好卸下铰杠，用手旋出丝锥，保证螺孔的质量。

### 8.3.4 内螺纹的检测

对于手工加工的螺纹孔，除了对螺纹外观的检查外，还可用螺纹塞规进行检测。螺纹外观的检查，主要是观察螺纹是否有乱牙、滑牙，螺纹是否歪斜及螺纹表面质量是否满足要求等。螺纹塞规主要用于判断内螺纹尺寸是否合格，其检测方法见表 8-5。

表 8-5 内螺纹检测

| | |
|---|---|
| 螺纹塞规 | 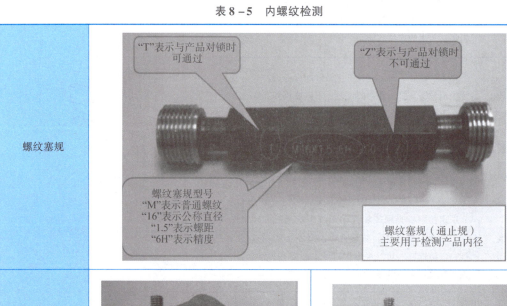 |
| 检测方法 |  将螺纹塞规通端拧入螺纹孔，应能全部通过　　 将螺纹塞规止端拧入螺纹孔，应不能通过（允许旋进最多 2~3 牙） |

操作步骤：

1）认真分析解读图 8-1，选择丝锥、铰杠，制定攻螺纹工艺路线。

2）按图划出 M12、M10、M8、M6 底孔加工线。

3) 钻 M12、M10、M8、M6 底孔。
4) 各孔两端孔口倒角。
5) 分别攻出 M6、M8、M10、M12 四个螺纹孔。

## 8.4 项目总结

通过本项目训练，能识读攻螺纹图样，制定螺纹加工的工艺路线，选择正确的工具、量具和刃具，钻孔前能正确进行划线，对钻孔的孔口进行倒角，攻螺纹前一定要保证丝锥与工件垂直后再进行螺纹加工，退出丝锥时注意不要破坏已经加工好的螺纹及表面粗糙度。最后对照攻螺纹零件图检测内容，完成表 8-6。

表 8-6 螺纹加工项目评价

| 项次 | 项目与技术要求 | 配分 | 评分标准 | 学生自评 | 小组互评 | 教师评价 |
| --- | --- | --- | --- | --- | --- | --- |
| 1 | 能正确识读攻螺纹图样 | 10 | 否则全扣 | | | |
| 2 | 能正确制定螺纹加工工艺路线 | 10 | 每错 1 项扣 2 分 | | | |
| 3 | 能正确选用相关工具、量具和刃具 | 5 | 每选错 1 样扣 1 分 | | | |
| 4 | 攻螺纹姿势正确 | 5 | 发现 1 项不正确扣 2 分 | | | |
| 5 | 划线 | 10 | 位置偏差 1 处扣 2.5 分 | | | |
| 6 | 钻孔 | 10 | 位置不对每处扣 2.5 分 | | | |
| 7 | 孔口倒角 | 4 | 未倒角每处扣 0.5 分 | | | |
| 8 | 螺纹是否歪斜 | 20 | 螺纹歪斜每处扣 5 分 | | | |
| 9 | 螺纹是否烂牙 | 12 | 螺纹烂牙每处扣 3 分 | | | |
| 10 | 丝锥的使用 | 4 | 折断丝锥全扣 | | | |
| 11 | 安全文明生产 | 10 | 违者全扣 | | | |

## 8.5 拓展案例——用台式攻丝机攻螺纹

### 8.5.1 台式攻丝机介绍

台式攻丝机是用丝锥加工内螺纹的一种机床（图 8-8），它是应用广泛的一种内螺纹加工机床，能在钢、生铁、黄铜、铝等金属材料中以较高的速度切削圆柱内螺纹。使用攻丝机与手工攻丝相比，劳动生产率能够大幅提高。

图 8-8 西湖牌台式攻丝机

## 8.5.2 台式攻丝机的操作要领

用台式攻丝机攻丝的操作要领见表 8-7。

表 8-7 用台式攻丝机攻丝的操作要领

| 操作步骤 | 示意图 | 操作说明 |
| --- | --- | --- |
| 1. 插入接杆 |  | 根据加工要求选择合适的机用丝锥，并将其插入接杆槽中 |
| 2. 装夹丝锥组件 |  | 将丝锥与接杆一起放入钻夹头三爪内，用钻夹头钥匙用力均匀夹紧 |
| 3. 装夹工件 |  | 将工件装夹在机用平口钳上，注意夹平、夹紧 |

项目8 攻螺纹

续表

| 操作步骤 | 示意图 | 操作说明 |
|---|---|---|
| 4. 调节丝锥高度 |  | 松开主轴架与立柱的锁紧手柄，摇动升降手柄使主轴架升、降到合适位置后，紧固锁紧手柄 |
| 5. 调整转速 | 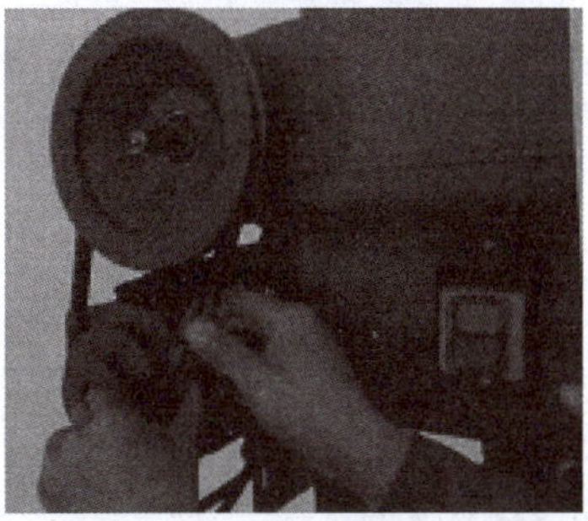 | 参照攻丝机工作台前面的参数牌，根据螺纹孔的大小选择合适的转速 |
| 6. 对中心 |  | 将操纵手柄慢慢压下，调整工件位置，使丝锥对准底孔中心，并用手将钻夹头转几下，使之能自动找正 |
| 7. 加切削液 | 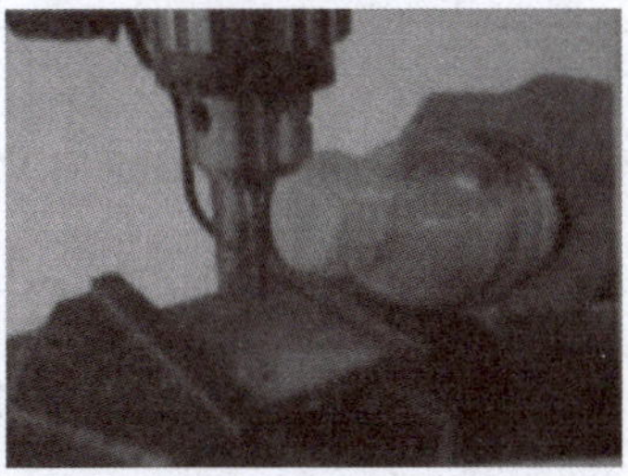 | 抬起丝锥，在丝锥和孔中加乳化液 |

续表

| 操作步骤 | 示意图 | 操作说明 |
| --- | --- | --- |
| 8. 攻螺纹 | | 启动电源，向下慢慢压下操纵手柄，主轴自动顺转开始攻螺纹 |
| 9. 退出 | | 丝锥攻到位之后，停止用压力，将操纵手柄慢慢回退，主轴自动反转，将丝锥从螺纹孔中旋出，完成攻丝 |

### 8.5.3　台式攻丝机的安全使用规程

**1. 操作注意事项**

1）开始操作前，检查主要锁紧螺栓是否紧固，电源开关及线路是否良好。按规定穿戴劳保用品，非攻丝工禁止操作。

2）操作前必须在规定加油部位注入润滑油、润滑脂等。待该机运转正常、灵活、可靠后方能操作。

3）攻丝前，必须将所需攻丝的工件、工具等摆放整齐、顺手。

4）调试攻丝机所攻丝的丝锥大小与深度符合要求的尺寸后再开始作业。防止滑牙和不够牙。

5）操作时严禁戴手套；女员工有长头发者，必须将其挽入工作帽内。

6）对于较深的螺孔或盲孔，要分几次攻入、退出，便于排屑。小工件攻丝时，必须使用夹具固定，以确保攻丝质量与加工安全。

7）为攻丝时排出的铁屑、铁沫等，应留有空位或槽穴以方便其排出，随时清理。每攻8～10个工件，丝锥上要加一次润滑油。

8）经常自检工件牙纹质量，不允许"一攻到底"。

9）攻丝时，根据工件要求，选择机床的速度，以保证攻丝质量。有针对性地调节机床的速度。

10）操作中，如出现异常现象，应立即停止。禁止带病操作。

11）排除故障或者修理时应切断电源，待机床完全停止运转后，通知有关人员进行修理。禁止机器在转动中进行修理。

12）工作完毕后，必须切断电源。清理工作台面，将铁屑及时清除。

**2. 润滑及维护保养**

在机床润滑标志上方注油口应每星期加注 18#齿轮油或每天加注机油，主轴和空轴间每年应拆开洗净，在空轴内腔加满润滑脂。在开机前应检查机床各运动机构及电器是否正常。工作完毕后，把工作面擦干净并涂上防锈油，在运动件接合处加注机油。

# 项目9　套　螺　纹

**素质目标:**

1. 培养客观科学、认真负责的职业态度；
2. 培养学生交流和专业技术能力；
3. 培养学生灵活思维能力。

**知识目标:**

1. 了解套螺纹的工具及辅件的作用和选择；
2. 掌握套螺纹的操作要领和方法；
3. 掌握螺纹的基本知识；
4. 掌握外螺纹的检测方法。

**能力目标:**

1. 具备简单零件图的识读能力；
2. 具备制定工艺路线的能力；
3. 具备外螺纹的检测分析和校正的能力。

## 9.1　项目提出

在各种机械设备上，有大量的螺纹连接，所以在装配和修配工作中，钳工也经常会遇到套螺纹，也就是用板牙在圆杆或管子上切削加工外螺纹。传统的外螺纹加工方法就是用板牙来进行加工，通常用于小尺寸且螺纹精度要求不高的外螺纹加工。套螺纹加工零件如图9-1所示。

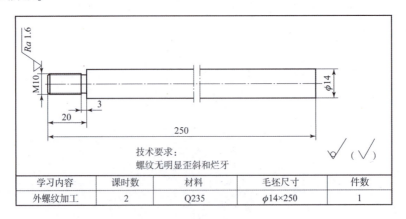

图9-1　套螺纹加工零件

## 9.2 项目分析

根据对给定的零件——手柄图样进行的分析，合理选择板牙、铰杠，制定套螺纹工艺路线。由图样可知，在工件一端用板牙套出外螺纹，牙型完整，并且不得有歪斜。

## 9.3 项目实施

### 9.3.1 套螺纹的工具及辅件

**1. 套螺纹工具**

套螺纹用的主要工具是圆板牙和板牙架（板牙铰杠）。

套螺纹的基础知识

（1）圆板牙

圆板牙是加工小直径外螺纹的成形刀具，一般用合金工具钢制作而成，并经淬火处理。圆板牙的形状和圆形螺母相似，它在靠近螺纹外径处钻了3~4个排屑孔，并形成了切削刃，如图9-2所示。

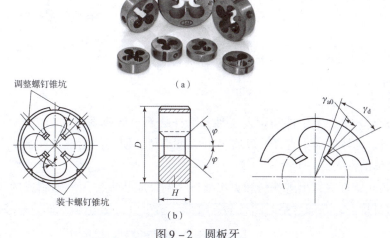

图9-2 圆板牙
(a) 实物；(b) 结构原理

（2）管螺纹板牙

管螺纹板牙分为圆柱管螺纹板牙和圆锥管螺纹板牙。圆柱管螺纹板牙的结构与圆板牙相似。圆锥管螺纹板牙的基本结构也与圆板牙相似，只是在单面制成切削锥，只能单面使用。圆锥管螺纹板牙所有刀刃均参加切削，所以切削时很费力。板牙的切削长度影响管螺纹牙型的尺寸，因此套螺纹时要经常检查，不能使切削长度

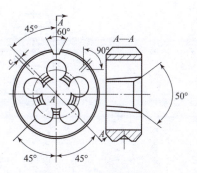

图9-3 管螺纹板牙

超过太多,只要相配件旋入后能满足要求就可(图9-3)。

### 2. 板牙架

板牙架是手工套螺纹时的辅助工具。板牙架的外圆旋有四只紧定螺钉和一只调松螺钉。使用时,紧定螺钉将板牙紧固在板牙架中,并传递套螺纹时的扭矩[图9-4(a)]。当使用的圆板牙带有V形调整槽时,通过调节上面两只紧定螺钉和调松螺钉,可使板牙螺纹直径在一定范围内变动[图9-4(b)]。

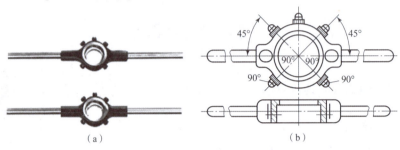

图9-4 板牙架

(a) 实物;(b) 结构原理

### 9.3.2 套螺纹的操作要领

1) 套螺纹前圆杆直径的确定:套螺纹前首先要确定圆杆直径,太大难以套入,太小形成不了完整螺纹。套螺纹与攻螺纹相同,套螺纹时有切削作用,也有挤压金属的作用,螺纹牙尖也要被挤高一些,因此圆杆的直径应比外螺纹的大径稍小些,一般圆杆直径可用下式计算。

经验公式:
$$d_0 = d - 0.13p$$

式中:$d_0$——套螺纹前圆杆直径(mm)。

　　　$d$——螺纹外径(mm)。

　　　$p$——螺距(mm)。

2) 为使板牙容易对准工件和切入工件,圆杆端部要倒成圆锥斜角为15°~20°的锥体,如图9-5所示。锥体的最小直径可以略小于螺纹小径,使切出的螺纹端部避免出现锋口和卷边而影响螺母的拧入。

3) 为了防止圆杆夹持出现偏斜和夹出痕迹,圆杆应装夹在用硬木制成的V形钳口中或软金属制成的衬垫上,在加衬垫时圆杆套螺纹部分离钳口要尽量近,如图9-5所示。

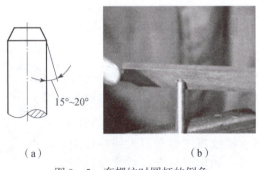

(a)　　　　　　　　(b)

图9-5 套螺纹时圆杆的倒角

4）套螺纹时应保持板牙端面与圆杆轴线垂直，否则套出的螺纹两面会有深浅，甚至烂牙，如图9-6所示。

图9-6　套螺纹时圆杆的夹持

5）在开始套螺纹时，可用手掌按住板牙中心，适当施加压力并转动铰杠。当板牙切入圆杆1~2圈时，应目测检查和校正板牙的位置。当板牙切入圆杆3~4圈时，应停止施加压力（图9-7），而仅平稳地转动铰杠，靠板牙螺纹自然旋进套螺纹。

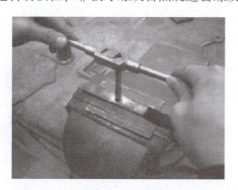

图9-7　套螺纹时起套方法

6）为了避免切屑过长，在套螺纹过程中要使板牙多次倒转。

7）在钢件上套螺纹时要加切削液，以延长板牙的使用寿命，减少螺纹的表面粗糙度，如图9-8所示。

图9-8　套螺纹过程

8)切削液的选用。与攻螺纹一样,套螺纹时必须选用合适的切削液,一般使用浓的乳化液或机油,要求较高时用菜油或二硫化钼。

### 9.3.3 套螺纹的注意事项

1)每次套螺纹前应将板牙排屑槽内及螺纹内的切屑清除干净。

2)套螺纹前要检查圆杆直径大小和端部倒角。

3)套螺纹时切削扭矩很大,易损坏圆杆的已加工面,所以应使用硬木制的 V 形槽衬垫或用厚铜板做保护片来夹持工件。工件伸出钳口的长度,在不影响螺纹要求长度的前提下,应尽量短。

4)套螺纹时,板牙端面应与圆杆垂直,操作时用力要均匀。开始转动板牙时,要稍加压力,套入 3~4 牙后,可只转动而不加压,并多次反转,以便断屑。

5)在钢制圆杆上套螺纹时要加机油润滑。

### 9.3.4 外螺纹的检测

外螺纹尺寸可用螺纹环规来进行检测,每套螺纹环规都包含一个通端、一个止端,其检测方法见表 9-1。

表 9-1 外螺纹的检测

| 螺纹环规 |  通规　　　　　　　　　　止规 | |
|---|---|---|
| 检测方法 | <br>将螺纹环规通规拧入螺纹,应能全部拧入 | 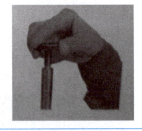<br>将螺纹环规止规拧入螺纹,应不能拧入(允许旋进最多 2~3 牙) |

操作步骤如下:

**1. 识图**

由图样(图 9-1)可知,工件毛坯料为圆杆料,要在工件一端用板牙套出 M10 的外螺纹,牙型要完整,并且不得有明显的歪斜。

## 2. 套螺纹

套螺纹操作步骤见表9–2。

表9–2 套螺纹操作步骤

| 操作步骤 | 示意图 | 操作说明 |
| --- | --- | --- |
| 1. 安装板牙 | | 将板牙放入相应的板牙架，紧定螺钉对准锥坑，拧紧螺钉将板牙固定 |
| 2. 装夹工件 | | 在台虎钳钳口装上厚铜衬垫（或软木），将圆杆垂直夹紧在台虎钳上 |
| 3. 圆杆倒角 | | 在圆杆顶端倒15°~20°的角，以便板牙切入 |
| 4. 起套 | | 将板牙垂直套在工件端面上，右手拇指按在板牙架中间，沿圆杆轴心向下施加压力，左手配合做顺向转动 |
| 5. 校正垂直 | | 切入2~3牙后，从相互垂直的两个方向观察，并用双手调节板牙架直至板牙与工件垂直 |
| 6. 加切削液 | | 由于圆杆材料为钢材，所以在板牙中加注机油 |

续表

| 操作步骤 | 示意图 | 操作说明 |
|---|---|---|
| 7. 正常套螺纹 | 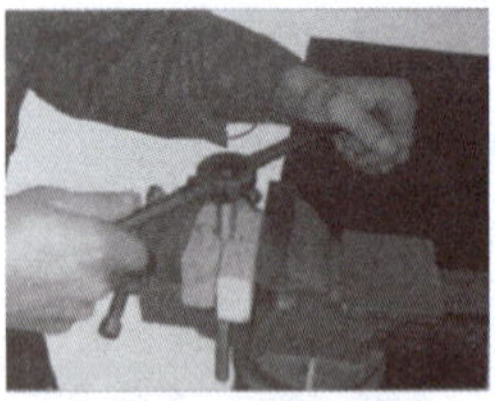 | 双手放在板牙架两端，顺时针水平旋转，让板牙自然切入，同时每转动1/2～1圈，反方向回一下，直至套出整个长度 |
| 8. 退出 |  | 逆时针水平转动板牙架手柄，将板牙退出 |
| 9. 检测 |  | 用螺纹环规检测螺纹尺寸是否符合要求 |

## 9.4 项目总结

通过本项目的训练，能正确制定套螺纹的工艺步骤，正确夹持工件，正确安装板牙。加工的螺纹基本完整，用螺纹规检验合格。根据螺纹的完成情况，完成表9-3。

表9-3 套螺纹操作项目评价

| 项次 | 项目与技术要求 | 配分 | 评分标准 | 学生自评 | 小组互评 | 教师评价 |
|---|---|---|---|---|---|---|
| 1 | 能正确识读套螺纹图样 | 10 | 否则全扣 | | | |
| 2 | 能正确制定螺纹加工工艺路线 | 10 | 每错1项扣2分 | | | |
| 3 | 能正确选用相关工具、量具和刃具 | 5 | 每选错1样扣1分 | | | |
| 4 | 工件夹持正确 | 5 | 不正确全扣 | | | |
| 5 | 板牙安装正确 | 10 | 不正确全扣 | | | |
| 6 | 套螺纹动作正确 | 15 | 发现1项不正确扣5分 | | | |

项目9 套螺纹

续表

| 项次 | 项目与技术要求 | 配分 | 评分标准 | 学生自评 | 小组互评 | 教师评价 |
|---|---|---|---|---|---|---|
| 7 | 牙型基本完整 | 15 | 不完整全扣 | | | |
| 8 | 螺纹无明显歪斜 | 10 | 不合格全扣 | | | |
| 9 | 螺纹检测合格 | 10 | 不合格全扣 | | | |
| 10 | 安全文明生产 | 10 | 违者全扣 | | | |

## 9.5 拓展案例——螺纹基本知识

### 9.5.1 螺纹的定义

在圆柱或者圆锥表面上，沿螺旋线所形成的具有规定牙型的连续凸起称为螺纹。在圆柱或者圆锥外表面上形成的螺纹称为外螺纹；在圆柱或者圆锥内表面上形成的螺纹称为内螺纹，如图9-9所示。

### 9.5.2 螺纹各部分的名称

**1. 牙型**

沿螺纹轴线方向剖切，所得到的螺纹牙齿剖面的形状称为螺纹的牙型。常见的牙型有三角形、梯形、锯齿形等（图9-10）。

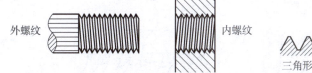

图9-9　内、外螺纹　　　　　图9-10　螺纹的牙型

**2. 螺纹直径**

螺纹直径如图9-11所示。

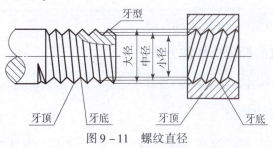

图9-11　螺纹直径

(1) 大径

与外螺纹的牙顶和内螺纹的牙底相重合的假想圆柱面的直径称为大径。大径即公称直径。内、外螺纹的小径分别用 $D$ 和 $d$ 表示。

(2) 小径

与外螺纹牙底与内螺纹牙顶相重合的假想圆柱的直径称为螺纹的小径。内、外螺纹的小径分别用 $D_1$ 和 $d_1$ 表示。

(3) 中径

它是一个假想圆柱的直径，即在大径和小径之间，其母线通过牙型上的沟槽和凸起宽度相等的假想圆柱面的直径称为中径。内、外螺纹的中径分别用 $D_2$ 和 $d_2$ 表示。

### 3. 线数

螺纹线数有单线和多线之分（图 9-12）。圆柱面上只有一条螺旋线的螺纹称为单线螺纹，有两条或者两条以上在轴向等距离分布的螺旋线的螺纹称为多线螺纹。螺纹线数用 $n$ 表示。

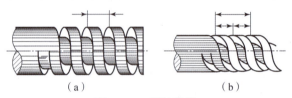

图 9-12 螺纹线数

(a) 单线螺纹；(b) 多线螺纹

### 4. 螺距和导程

螺距和导程如图 9-13 所示。

相邻两牙在中径线上对应点间的轴向距离称为螺距，用 $P$ 表示。

同一条螺旋线上相邻两牙在中径线上对应点间的轴向距离称为导程，用 $L$ 表示。

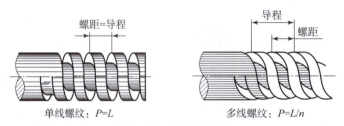

单线螺纹：$P=L$　　多线螺纹：$P=L/n$

图 9-13 螺距和导程

### 9.5.3 常用螺纹的种类、代号及用途

常用螺纹的种类、代号及用途见表 9-4。

### 9.5.4 普通螺纹的标记及标注方法

普通螺纹的标记及标注方法见表 9-5。

### 9.5.5 螺纹旋向的判别

螺纹按旋向可分为左旋螺纹和右旋螺纹。右旋螺纹和左旋螺纹的螺旋线方向，可用

表 9-6 所示的方法来判断，常用的是右旋螺纹。

表 9-4 常用螺纹的种类、代号及用途

| 螺纹种类 | | | 牙型及牙型角 | 特征代号 | 用途 |
|---|---|---|---|---|---|
| 连接螺纹 | 普通螺纹 | 粗牙 | 60° | M | 是最常见连接螺纹 |
| | | 细牙 | | | 用于细小的精密或薄壁零件 |
| | 管螺纹 | 非螺纹密封的管螺纹 | 55° | G | 用于非螺纹密封的低压管路的连接 |
| | | 用螺纹密封的管螺纹 圆锥外螺纹 | 55° | R | 用于螺纹密封的中高压管路的连接 |
| | | 用螺纹密封的管螺纹 圆锥内螺纹 | 55° | $R_C$ | |
| | | 用螺纹密封的管螺纹 圆柱内螺纹 | 55° | $R_P$ | |
| 传动螺纹 | 梯形螺纹 | | 30° | Tr | 可双向传递运动和动力 |
| | 锯齿形螺纹 | | 45° 0.125P 0.75P P | B | 只能传递单向动力 |

表9-5 普通螺纹的标记及标注方法

| 种类 | 普通螺纹 ||
|---|---|---|
| | 粗牙 | 细牙 |
| 特征代号 | M ||
| 标注方法 | 1. 对于普通螺纹，其标记由四个部分组成：螺纹代号（公称直径×螺距）- 螺纹公差带代号 - 旋合长度代号 - 旋向代号。<br>2. 当为右旋螺纹时，"旋向"省略标注，左旋螺纹用"LH"表示；粗牙普通螺纹，螺距省略标注。<br>3. 旋合长度有长旋合长度 L、中等旋合长度 N 和短旋合长度 S，中等旋合长度不标注。<br>4. 螺纹公差带代号中，前者为中径公差带代号，后者为顶径公差带代号，两者相同时只标一个 ||
| 标注示例 | M10-6g-L-LH<br>左旋<br>长旋合长度<br>中径和顶径公差带代号<br>公称直径<br>粗牙普通螺纹 | M20×2-6H7H<br>顶径公差带代号<br>中径公差带代号<br>螺距<br>公称直径<br>细牙普通螺纹 |

表9-6 螺纹旋向的判别

| 判别方法 | 把螺纹铅垂放置，左侧高的为左旋螺纹，右侧高的为右旋螺纹 |||
|---|---|---|---|
| 右旋螺纹 |  右边高 | 左旋螺纹 |  左边高 |
| 旋入方向 |  顺时针旋入 | 旋入方向 |  逆时针旋入 |

# 项目10 综合训练

**素质目标：**
1. 培养学生探索创新思维能力；
2. 培养问题不留置、快速解决问题的职业素养；
3. 培养学生树立安全观念和树立生态文明理念；
4. 培养学生自主学习和坚强意志力的能力。

**知识目标：**
1. 掌握常见零件图单件及配合件的制作方法；
2. 掌握钳工中常见零件的加工方法；
3. 掌握角度和形位公差的检测方法。

**能力目标：**
1. 具备加工多边形单件的能力；
2. 具备加工含有角度工件的能力；
3. 具备加工含有圆弧工件的能力；
4. 具备加工对称工件和配合件的能力。

## 10.1 锉削四边形

### 10.1.1 任务提出

在机械零件加工中，尤其是零件平面的加工中，常常对平面度、垂直度和平行度等形位公差有一定的要求，所以通过本项目的训练能进一步巩固和提高锯削、锉削和测量等操作技能和技巧，掌握形位公差的测量方法，并能熟练使用量具技巧，同时了解简单零件加工工艺的编制及加工步骤。锉削四边形图样如图10-1所示。

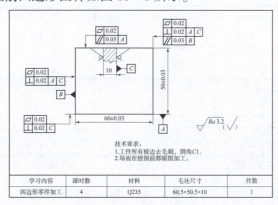

图 10-1 四边形加工零件

### 10.1.2 任务分析

根据图样进行分析,四边形是钳工加工中最基本的典型零件,通过该任务训练能掌握对该工件加工工艺的编制和加工步骤、各加工面形位公差的标注要求及相互之间的关系,基准选择要求和基准对加工质量重要性的影响。具体工艺路线如下:检查坯料→锯、锉基准面→检测→划线→锯、锉削→测量→去毛刺倒角→标识上交。

### 10.1.3 任务的实施

#### 10.1.3.1 加工前坯料的准备

坯料可直接从材质为 Q235 的条料 6 000 mm × 100 mm × 10 mm 或板 6 000 mm × 4 000 mm × 10 mm 上裁剪下来,尺寸为 63 mm × 100 mm × 10 mm(图 10 - 2)。

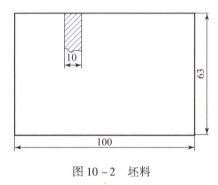

图 10 - 2 坯料

#### 10.1.3.2 划线和基准面的加工

**1. 划线**

划线(图 10 - 3)前的准备:
1)按图纸要求检查坯料,去除杂质和毛刺,初步确定两相邻面作划线基准面。
2)检查、校对划线量具,整理划线工具。

选择垂直度相对较好的两相邻面作为划线基准,进行划线,划线高度为 5 mm(图 10 - 3)。

**2. 锯、锉削**

锯、锉削基准面(图 10 - 4)有以下三个步骤:
1)加工第一个基准面(尺寸相对较大的面),余量最大为 2 mm。首先沿着线进行锯削,待锯削结束后进行锉削加工。因为此面为第一基准面,为重要测量基准面,所以应尽可能减少加工误差,提高加工精度;在锉削时,在保证平面度要求的同时,还必须保证与大平面的垂直度要求和粗糙度精度。

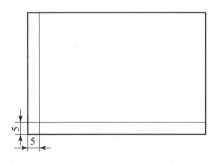

图 10 - 3 划线

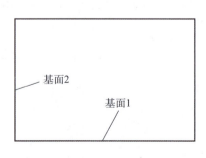

图 10 - 4 锯、锉削基准面

2)加工相邻第二个基准面,余量最大为 2 mm。加工方法与要求同第一个基准面。在保证该面平面度要求的同时还必须保证与第一基准面和大平面同时满足垂直度要求以及粗糙度精度。

3）倒角去毛刺。

注意：

①要养成边做边测量的习惯。在每次测量前应及时去除杂质和毛刺，保持测量位置清洁，预防产生测量偏差，影响工件质量。

②在加工过程中，对基准面必须独立加工，只有待一个面加工合格后方可加工另一个面，杜绝交替加工。一般修正后一个面。

③检测、标识。按照图纸要求对这两个基准面进行整体检测。如不符合要求，则需进行重新修正。待修正合格后，需对这两个基准面进行标识。

#### 10.1.3.3 四边形的加工

**1. 划线、锯削**

分别以加工好的两垂直面为基准，划出轮廓线和锯削尺寸线（沿工件四周相应位置划一圈线），如图10-5（a）所示，并按要求完成锯削任务，如图10-5（b）所示。

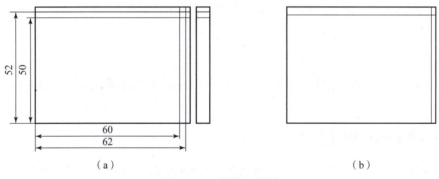

图10-5　划线、锯削
（a）划线；（b）锯削

**2. 锉削加工（图10-6）**

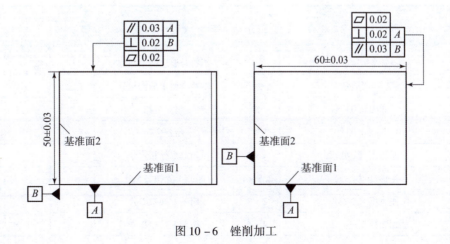

图10-6　锉削加工

1) 以基准面1为基准，锉削加工其对面。锉削时，在保证尺寸 50 mm ± 0.03 mm 的同时还必须保证平面度要求、与基准面2和大平面的垂直度要求以及粗糙度要求。

注意：

在加工时要顾及全部精度要求，防止片面性，不能为了取得平面度而影响了尺寸要求和垂直度要求，也不能为了锉正角度而忽略了平面度和尺寸要求。

2) 以基准面2为基准，锉削加工其对面。锉削时，在保证尺寸 60 mm ± 0.03 mm 的同时还必须保证平面度要求、与相邻两侧面和大平面的垂直度要求以及粗糙度要求。

注意：

在测量时，可用千分尺同时测量尺寸和平行度。一般平面的四个角容易锉塌，所以重点测量平面的四个角及平面的中间，以防尺寸锉小。通过各测点的尺寸大小也能反映出平面度的情况。

#### 10.1.3.4 检测、倒角、去毛刺及杂质

**1. 检测、倒角**

按图纸要求对工件进行全面测量及稍作修正，并用锉刀对所有棱角进行倒角 $C1$，倒角面清晰、均匀。

**2. 去毛刺及杂质、标识上交**

清理工件表面杂质及毛刺，用记号笔或钢字码对工件进行标识（一般是学号），并上油上交评分。

### 10.1.4 任务总结

通过本任务的训练，掌握平面度对控制尺寸及其他形位公差的影响。加工过程中，要按照任务要求勤观察、勤测量，同时根据尺寸进行修正直至达到要求。最后对零件进行检测，完成表 10–1。

表 10–1 四边形制作任务评价

| 序号 | 检测内容与技术要求 | 配分 | 评分标准 | 学生自评 | 小组互评 | 教师评价 |
|---|---|---|---|---|---|---|
| 1 | 锯锉面质量 | 10 | 不符合要求酌情扣分 | | | |
| 2 | 基准面质量 | 20 | 不符合要求酌情扣分 | | | |
| 3 | 60 ± 0.03 | 8 | 超差全扣 | | | |
| 4 | 50 ± 0.03 | 8 | 超差全扣 | | | |
| 5 | 平行度（2处） | 4×2 | 超差1处扣4分 | | | |
| 6 | 平面度（4处） | 2.5×4 | 超差1处扣2.5分 | | | |
| 7 | 垂直度（8处） | 2×8 | 超差1处扣2分 | | | |
| 8 | 表面粗糙度（4处） | 2×4 | 超差1处扣2分 | | | |
| 9 | 安全文明生产 | 12 | 违者全扣 | | | |

## 10.1.5 案例拓展——锉削正三边形

正三边形加工零件如图 10－7 所示。

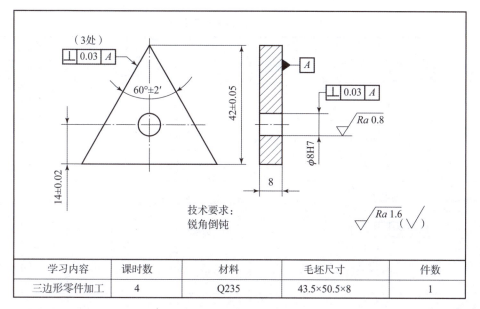

图 10－7 正三边形加工零件

| 学习内容 | 课时数 | 材料 | 毛坯尺寸 | 件数 |
|---|---|---|---|---|
| 三边形零件加工 | 4 | Q235 | 43.5×50.5×8 | 1 |

### 10.1.5.1 根据给定的图样，列出加工该零件所需要的工量具名称及规格（表 10－2）

表 10－2　工量具准备

| 序号 | 类别 | 名称与规格 | 数量 |
|---|---|---|---|
| 1 | 工具 | | |
| 2 | 量具 | | |

### 10.1.5.2 写出工件加工的主要步骤（表 10－3）

表 10－3　工件加工的主要步骤

| 步骤序号 | 加工内容 | 步骤序号 | 加工内容 |
|---|---|---|---|
| | | | |
| | | | |
| | | | |
| | | | |
| | | | |

10.1.5.3 按照图样进行加工

10.1.5.4 对零件进行检测,并完成评价表(表10-4)

表10-4 正三边形加工评价

| 序号 | 检测内容与技术要求 | 配分 | 评分标准 | 学生自评 | 小组互评 | 教师评价 |
|---|---|---|---|---|---|---|
| 1 | 42±0.05 | 10×3 | 超差全扣 | | | |
| 2 | 60°±2′ | 5×3 | 超差全扣 | | | |
| 3 | 14±0.02 | 5×3 | 超差全扣 | | | |
| 4 | φ8H7 | 5 | 超差全扣 | | | |
| 5 | ⊥ 0.03 A (3处) | 5×3 | 超差全扣 | | | |
| 6 | Ra 0.8 | 5 | 升高一级不得分 | | | |
| 7 | Ra 1.6 | 5×3 | 升高一级不得分 | | | |

## 10.2 锉削钢六角

锉配六角形体

### 10.2.1 任务提出

六边形零件在机械设备中也比较常见,在四边形零件的基础上有所提升,难度也有所增加,掌握典型零件的加工显得尤为重要。该任务加工尺寸公差和形位公差需要随时控制,达到一定的锉削精度。同时在加工过程中要能熟练使用角度样板和游标卡尺,保证加工的质量。锉削钢六角图样如图10-8所示。

### 10.2.2 任务分析

根据图样进行分析,先对零件进行划线,掌握连线划线和用分度头划线两种方法,能比较其优缺点。能制定正六边形的加工工艺,具有锯、锉等基本技能,注意相关形位公差、尺寸公差、角度精度、表面粗糙度精度等相互兼顾,保证达到加工图纸的各项精度要求。工艺路线如下:坯料→划线→(钻、铰孔)→锯、锉削→测量修正→去毛刺→检验标识。

项目10 综合训练

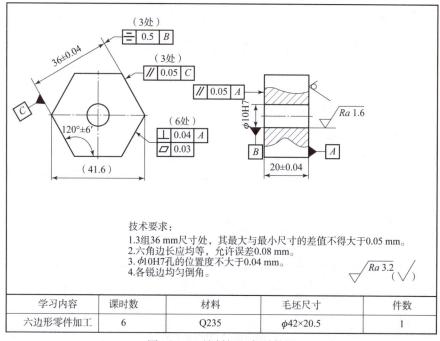

技术要求：
1. 3组36 mm尺寸处，其最大与最小尺寸的差值不得大于0.05 mm。
2. 六角边长应均等，允许误差0.08 mm。
3. $\phi$10H7孔的位置度不大于0.04 mm。
4. 各锐边均匀倒角。

| 学习内容 | 课时数 | 材料 | 毛坯尺寸 | 件数 |
|---|---|---|---|---|
| 六边形零件加工 | 6 | Q235 | $\phi$42×20.5 | 1 |

图 10-8　锉削钢六角零件图

## 10.2.3　任务实施

### 10.2.3.1　加工前的准备工作

**1. 坯料图（图10-9）**

**2. 划线前的准备**

1）检查坯料情况，对坯料的表面作必要修整。用游标卡尺测量坯料的实际直径尺寸并记录，修整两端面，将两端面之间尺寸修整到零件图纸要求，并保证其与侧面之间的形位公差、表面精度达到图纸要求。

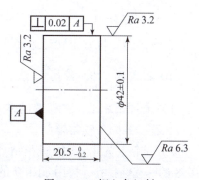

图 10-9　钢六角坯料

2）清理工件表面毛刺和杂质，整理划线工具。对部分划线工具作必要调整和校对，清理有关划线工具表面杂质，按要求摆放。

3）利用相关知识，测量并计算划线中用到而图纸中没有的有关尺寸值。

注意：

① 因划线时把圆柱侧面作为定位基准面，所以划线前必须对其进行修整，因以后不再对两端面进行加工，所以在划线前要一次将其加工到图纸要求。

② 本工件采用在V形铁上划线的方法划线，因此V形铁需有附件，便于划线时对工件夹紧，防止转动影响划线精度。

③ 为使划线的线条清晰，可在坯料上划线部位涂红丹粉或者蓝油等。

111

#### 10.2.3.2 划线

划线时注意保护已加工面或不再加工的工件表面。

将圆柱形坯料按要求放置在 V 形铁上，并紧固 V 形铁附件螺母，将圆柱体夹紧。

（1）确定圆心位置

先用高度尺测量出此时圆柱体侧面顶母线高度尺寸，通过计算，将高度尺尺寸调至 $H - D/2$（$D = 42$ mm），紧固尺上锁紧螺钉，接着分别在圆柱体两端面各划一条细线。不改变高度尺尺寸，松动 V 形铁附件紧固螺母，稍微转动圆柱形柱体，并再次夹紧，再用高度尺分别在端面划线，这条线两端应都与轮廓线相交，此时端面上两线交点即圆柱体端面圆心，如图 10 - 10（a）所示。

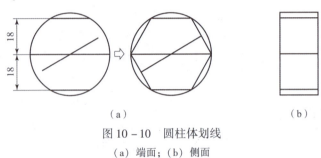

图 10 - 10  圆柱体划线

(a) 端面；(b) 侧面

（2）划六边形

不松动 V 形铁附件紧固螺母，分别将高度尺调至 $H + 18$ 和 $H - 18$ 两个尺寸，统一在两端面进行划线。取下坯料，用划针和钢直尺将端面和侧面的有关线连接起来，如图 10 - 10（b）所示。

（3）打样冲眼

在端面圆心位置正确打上样冲眼。

#### 10.2.3.3 钻、铰孔

1）清理钻床工作台和平口钳，将工件按要求正确放入平口钳并夹紧。调整钻头与工件相对位置，紧固各锁紧螺母。

2）试钻。先用 $\phi 3$ 的麻花钻打一个底孔，接着在工件孔位置上用 $\phi 9.8$ 的麻花钻扩孔，再用 $\phi 10H7$ 的机用铰刀铰孔，最后用 $\phi 12$ 的钻头倒角（C0.5）并去毛刺、杂质，使孔的精度达到要求，如图 10 - 11 所示。

注意：严格按《钻床操作规程》操作。

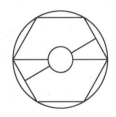

图 10 - 11  钻、铰孔

#### 10.2.3.4 锯、锉削加工（图 10 - 12）

锯、锉削加工时注意保护已加工面或不再进行加工的面。

1）粗、精锉削六角体第 1 面，如图 10 - 12（a）所示。用刀口角尺检验，达到平面度 0.03 mm、表面粗糙度 ≤ 3.2 μm 的要求，并保证与圆柱母线间的尺寸。

2）粗、精锉削第 1 面的相对面 2，如图 10 - 12（b）所示。以端面所划轮廓线为参考进行锯削，然后粗、精锉削加工，保证达到图纸的尺寸和形位公差要求，随锉随验。

3）粗、精锉削第 3 面，如图 10-12（c）所示。以端面所划轮廓线为参考进行锯削，然后粗、精锉削该面，保证达到图纸的尺寸和形位公差要求，随时用万能角度尺或角度样板测量，以便控制加工质量。

4）粗、精锉削第 3 面的相对面 4，如图 10-12（d）所示。以端面所划轮廓线为参考进行锯削，然后粗、精锉该面，保证达到图纸的尺寸和形位公差要求，随锉随验。

5）粗、精锉削第 5 面，如图 10-12（e）所示。随锉随验，保证达到图纸的尺寸和形位公差要求，并保证与圆柱母线间的尺寸。

6）粗、精锉削第 5 面的相对面 6，如图 10-12（f）所示。以端面所划轮廓线为参考进行锯削，然后粗、精锉削该面，保证达到图纸的尺寸和形位公差要求，随锉随验。

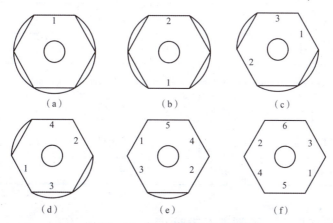

图 10-12　锯、锉削加工六边形

(a) 粗、精锉削六角体第 1 面；(b) 粗、精锉削第 1 面的相对面；(c) 粗、精锉削第 3 面；
(d) 粗、精锉削第 3 面的相对面；(e) 粗、精锉削第 5 面；(f) 粗、精锉削第 5 面的相对面

#### 10.2.3.5　去毛刺及杂质等

清理工件表面杂质及毛刺，用记号笔或钢字码对工件进行标识（一般是学号），并擦油上交保存。将工、量、刃具擦拭干净，按要求放置整齐；工件标识按规定存放；钳工台打扫干净；工作场所打扫干净，切断电源。

### 10.2.4　任务总结

正多边形体的加工划线根据场合、要求不同，有多种可行划线方法。坯料不管是圆柱体还是不规则形体，都一律先加工好一个基准面，然后依次加工其他面；同时注意控制余量，防止片面性，相互兼顾。根据检测内容对零件进行检查，完成表 10-5。

表 10-5　钢六角任务评价

| 序号 | 检测内容与技术要求 | 配分 | 评分标准 | 学生自评 | 小组互评 | 教师评价 |
| --- | --- | --- | --- | --- | --- | --- |
| 1 | 36±0.04（3 处） | 15 | 每处 5 分，超差 1 处扣 5 分 | | | |
| 2 | 120°±6′（6 处） | 15 | 每处 2.5 分，超差 1 处扣 2.5 分 | | | |

续表

| 序号 | 检测内容与技术要求 | 配分 | 评分标准 | 学生自评 | 小组互评 | 教师评价 |
|---|---|---|---|---|---|---|
| 3 | 20±0.04 | 4 | 超差全扣 | | | |
| 4 | Ra 3.2（6处） | 9 | 每处1.5分，超差1处扣1.5分 | | | |
| 5 | ▱ 0.03（6处） | 1.5×6 | 每处1.5分，超差1处扣1.5分 | | | |
| 6 | ⊥ 0.04 A（6处） | 2×6 | 每处2分，超差1处扣2分 | | | |
| 7 | ∥ 0.05 A | 2 | 超差全扣 | | | |
| 8 | ∥ 0.05 C（3处） | 9 | 每处3分，超差1处扣3分 | | | |
| 9 | ≡ 0.5 B（3处） | 9 | 每处3分，超差1处扣3分 | | | |
| 10 | φ10H7 | 2 | 超差全扣 | | | |
| 11 | Ra 1.6 | 4 | 超差全扣 | | | |
| 12 | 安全文明生产 | 10 | 违者全扣 | | | |

### 10.2.5 拓展案例——锉削正五边形

正五边形零件如图10-13所示。

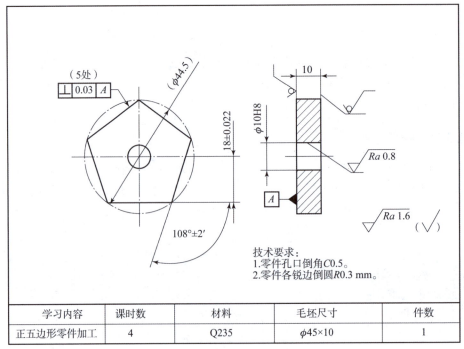

图10-13 正五边形零件

## 10.2.5.1 根据图10-13图样，在表10-6中列出加工所需工量具名称和规格

表10-6 工量具准备

| 序号 | 类别 | 名称与规格 | 数量 |
|---|---|---|---|
| 1 | 工具 | | |
| 2 | 量具 | | |

## 10.2.5.2 在表10-7中写出工件的主要加工步骤

表10-7 工件的主要加工步骤

| 步骤序号 | 加工内容 | 步骤序号 | 加工内容 |
|---|---|---|---|
| | | | |
| | | | |
| | | | |
| | | | |
| | | | |

## 10.2.5.3 按图加工正五边形

## 10.2.5.4 将检测结果填入表10-8中

表10-8 正五边形任务评价

| 序号 | 检测内容与技术要求 | 配分 | 评分标准 | 学生自评 | 小组互评 | 教师评价 |
|---|---|---|---|---|---|---|
| 1 | φ44.5 | 8 | 超差全扣 | | | |
| 2 | 108°±2′ | 3×5 | 超差1处扣3分 | | | |
| 3 | 18±0.022 | 3×5 | 超差1处扣3分 | | | |
| 4 | φ10H8 | 5 | 超差全扣 | | | |
| 5 | ⊥ 0.03 A | 3×5 | 超差1处扣3分 | | | |
| 6 | Ra 0.8 | 4 | 升高一级不得分 | | | |
| 7 | Ra 1.6 | 3×5 | 超差1处扣3分 | | | |
| 8 | 孔口倒角 C0.5 | 3 | 超差全扣 | | | |
| 9 | 锐边倒圆 R0.3 | 1×10 | 超差1处扣1分 | | | |
| 10 | 安全文明生产 | 10 | 违者全扣 | | | |

## 10.3 钢直角块制作

### 10.3.1 任务提出

本任务在四边形的基础上,去了一个直角,在另一个侧面加工一个凹槽。通过本任务训练能看懂简单图纸,了解基本划线工具的种类和用途,掌握划线工具的使用方法和基本技能。掌握錾削宽槽的方法,具体如图 10-14 所示。

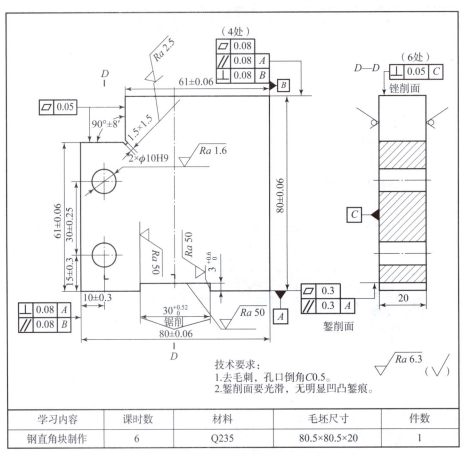

图 10-14 钢直角块零件

### 10.3.2 任务分析

分析图纸,明确该任务的具体要求,制定加工工艺,做好加工前的准备。初步掌握划线方法和要点,熟悉锯削、锉削姿势,锉刀的选择和锉削方法,进行表面粗糙度的控制等训练,同时在操作过程中,注意尺寸的控制及形位公差中平行度、垂直度的检测。掌握錾削宽槽的方法,保证錾削面较光滑,无明显凹凸錾痕。

### 10.3.3 任务实施

#### 10.3.3.1 加工前的各项工作准备

**1. 坯料（图 10–15）**

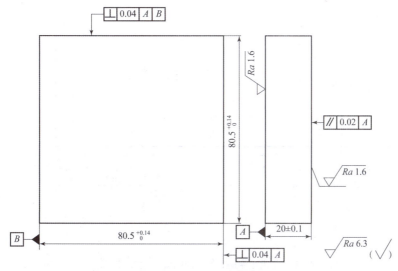

图 10–15 钢直角块坯料

**2. 划线前的准备**

1）检查坯料情况，做必要修整。划线前必须严格检查坯料，并将毛坯外形尺寸修整到零件图纸尺寸要求，按图纸要求对表面质量和形位公差进行必要修整。

2）清理工件表面毛刺和杂质，确定基准面并做必要修整和标识。

3）整理划线工具。对部分划线工具作必要调整和校对，清理有关划线工具表面杂质，按要求摆放，为顺利划线做准备。

#### 10.3.3.2 正确进行划线

尺寸数据说明：划线时尺寸数值选择按对称标注时取中间值、极限标注时选基本尺寸，以后划线以此操作，不再说明解释，如图 10–16 所示。

1）以基准面 1 为基准进行划线：10 mm（10±0.3）、40 mm、55 mm、25 mm［此三个尺寸说明：因基准面 2 上的凹槽部分基准为凹槽对称轴面，此基准与工艺基准面 1 不重合，所以划线时必须进行基准转换，先计算出对称轴到基准面 1 的尺寸 $A$（40 mm），再以尺寸 $A+15$（55 mm）和 $A-15$（25 mm）划出槽两侧边的线］、19 mm（说明：图中标注的尺寸为设计尺寸，在此需进行基准转换，转换时利用尺寸链计算）。

2）以基准面 2 为基准进行划线：3 mm、15 mm（15±0.3）、45 mm［第二个孔到基准 2 的距离，图中没有直接标出，采用尺寸链求解得到 45 mm（15±0.3 与 30±0.25）］、61 mm（61±0.06）。

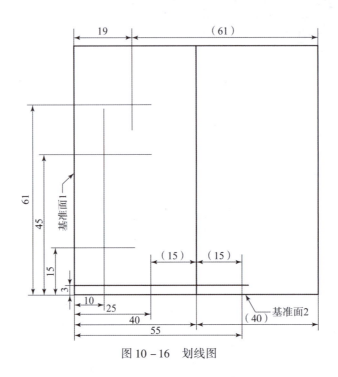

图 10-16 划线图

注意：

①为避免出错，可在工件轮廓线上每隔 5~10 mm 轻轻地打一个样冲眼，或用记号笔沿工件轮廓线划线，勾勒出工件形状。

②划线时需在工件的两面划线，避免重复划线。

### 10.3.3.3 钻、铰孔（图 10-17）

注意保护已加工完或以后不加工的工件表面，按操作规程操作。

在孔的相应位置十字交线上打准样冲眼（图 10-17），先用 $\phi 8$ 的钻头打一个底孔，接着用 $\phi 9.8$ 的钻头扩孔，再用 $\phi 10H7$ 的机用铰刀铰孔，最后用 $\phi 12$ 的钻头倒角（倒角为 C0.5）并去毛刺、杂质，使孔的精度达到要求。

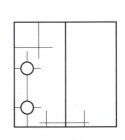

图 10-17 钻、铰孔

注意：

①钻孔时要使钻床工作台表面、夹具、工件表面三者保持整洁无杂质等。

②用夹具夹持工件。钻孔开始前一定要将工件放置、夹持正确，调整钻孔位置，夹紧工件。等钻床主轴运转平稳后开始先试、点钻，重新调正钻孔位置，紧固夹具。

③正常钻削。主轴转速正常，钻削过程中注意排屑，一般采用不连续切削，减少废屑长度，提高钻削质量，避免伤害发生。孔将通时用力要逐渐减小。根据实际适当使用切削液。

④铰孔（机铰）。钻完孔后不要松动工件，直接将钻头换成机用铰刀，重新校正工件位置并进行铰孔，铰孔时一定要加机油，主轴转速不得小于 800 r/min。

⑤严格按《钻床操作规程》操作。特别要注意穿戴好合适的劳护用品，不允许戴手套，袖口封闭，不允许用嘴吹废屑，不允许用手直接抓持工件钻孔，夹具固定牢固，锁紧钻床锁

紧部位。

#### 10.3.3.4 锯、锉削及錾削

注意保护已加工完的工件表面。此时在台虎钳的钳口上要加用材料为紫铜或铝的活钳口夹持工件。

**1. 角的加工（图10-18）**

1) 锯削加工。先进行锯削，保证每边留有的余量不少于1 mm。

2) 锉削加工。先进行粗加工，主要是去除大量余量，每边留有的余量为0.3~0.5 mm，形位公差基本成型。再进行半精加工，主要修整形位公差，保证形位公差达到要求；修整相关尺寸，将余量控制在0.05~0.1 mm。最后进行精加工，保证工件加工位置表面质量和形位公差达到图纸要求，理顺锉纹方向（垂直于大平面）。严格控制尺寸，最好使尺寸处在公差中间值。

3) 清角。用侧面磨削过的斜锉刀清角。

4) 去毛刺及表面杂质。

注意：

①两直角边要交叉加工，锉削时锉刀侧面不要锉伤另一面，锉削两面相交直角处时不要留有台阶，边加工边测量。

②将锉刀侧面锉纹磨掉，锉削面与磨削面夹角需呈锐角，磨削面平滑，棱角呈刀口状、平直。

③每次测量前都要及时清理工件棱角毛刺、表面杂质等，校正量具，方法得当，姿势正确。

**2. 槽的加工（图10-19）**

1) 锯削。沿着划线位置在线的内侧擦线锯削，注意锯路，锯削深度在2.5 mm左右。

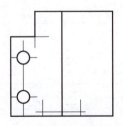　　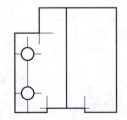

图10-18　角的加工　　　　　　图10-19　槽的加工

2) 錾削。控制尺寸在图纸要求以内，注意工件表面质量。

3) 去毛刺。

注意：

錾削时按《錾削操作规程》操作，注意安全。

#### 10.3.3.5 倒角、去毛刺和杂质等

去毛刺，倒角，复查全部精度，并作标识，擦油、上交评分。将工、量、刃具擦拭干

净,按要求放置整齐;标识工件,并将其按规定存放;将钳工台打扫干净;将工作场所打扫干净,切断电源。

### 10.3.4 任务总结

通过本任务的训练,进一步提高锯、锉削表面的质量,对存在的问题进行分析,能正确控制好尺寸。根据本任务的检查内容,完成表10-9。

表10-9 钢直角块任务评价

| 序号 | 检测内容与技术要求 | 配分 | 评分标准 | 学生自评 | 小组互评 | 教师评价 |
|---|---|---|---|---|---|---|
| 1 | 80±0.06(2处) | 4×2 | 超差1处扣4分 | | | |
| 2 | 61±0.06(2处) | 5×2 | 超差1处扣5分 | | | |
| 3 | 90°±8′ | 2 | 超差全扣 | | | |
| 4 | ⊥ 0.05 C (6处) | 2×6 | 超差1处扣2分 | | | |
| 5 | ▱ 0.05 (2处) | 1×2 | 超差1处扣1分 | | | |
| 6 | ▱ 0.08 (4处) | 1×4 | 超差1处扣1分 | | | |
| 7 | ⊥ 0.08 A | 3 | 超差全扣 | | | |
| 8 | ∥ 0.08 B | 3 | 超差全扣 | | | |
| 9 | ⊥ 0.08 B | 3 | 超差全扣 | | | |
| 10 | ∥ 0.08 A | 3 | 超差全扣 | | | |
| 11 | Ra 6.3(6处) | 1×6 | 超差1处扣1分 | | | |
| 12 | $30^{+0.52}_{0}$ | 4 | 超差全扣 | | | |
| 13 | ∥ 0.3 A | 3 | 超差全扣 | | | |
| 14 | $3^{+0.6}_{0}$ | 5 | 超差全扣 | | | |
| 15 | ▱ 0.3 | 5 | 超差全扣 | | | |
| 16 | 2×φ10H9(2处) | 2×2 | 超差1处扣2分 | | | |
| 17 | 15±0.3 | 2 | 超差全扣 | | | |
| 18 | 30±0.25 | 5 | 超差全扣 | | | |
| 19 | 10±0.3 | 2 | 超差全扣 | | | |
| 20 | Ra 1.6(2处) | 2×2 | 超差1处扣2分 | | | |
| 21 | 安全文明生产 | 10 | 违者全扣 | | | |

### 10.3.5 案例拓展——锉削凸形件

凸形件如图 10 - 20 所示。

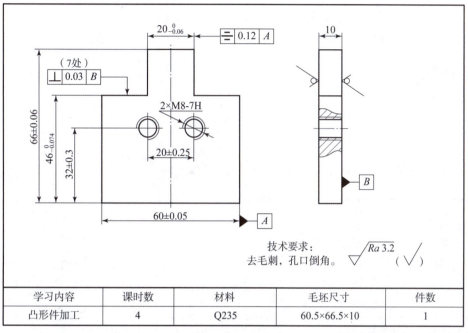

图 10 - 20 凸形件

| 学习内容 | 课时数 | 材料 | 毛坯尺寸 | 件数 |
|---|---|---|---|---|
| 凸形件加工 | 4 | Q235 | 60.5×66.5×10 | 1 |

**10.3.5.1** 根据给定的图样（凸件加工），列出加工该零件所需要的工量具名称及规格（表 10 - 10）

表 10 - 10 工量具准备

| 序号 | 类别 | 名称与规格 | 数量 |
|---|---|---|---|
| 1 | 工具 | | |
| 2 | 量具 | | |

**10.3.5.2** 写出工件加工的主要步骤（表 10 - 11）

表 10 - 11 工件加工的主要步骤

| 步骤序号 | 加工内容 | 步骤序号 | 加工内容 |
|---|---|---|---|
| | | | |
| | | | |
| | | | |
| | | | |
| | | | |

10.3.5.3 按照图样进行凸件加工

10.3.5.4 对零件进行检测，并完成表 10-12

表 10-12 凸形件加工任务评价

| 序号 | 检测内容与技术要求 | 配分 | 评分标准 | 学生自评 | 小组互评 | 教师评价 |
| --- | --- | --- | --- | --- | --- | --- |
| 1 | $20_{-0.06}^{0}$ | 8 | 超差全扣 | | | |
| 2 | $46_{-0.074}^{0}$（2 处） | 5×2 | 超差全扣 | | | |
| 3 | 66±0.06 | 8 | 超差全扣 | | | |
| 4 | ⊥ 0.03 B （7 处） | 2×7 | 超差全扣 | | | |
| 5 | = 0.12 A | 8 | 超差全扣 | | | |
| 6 | 2×M8-7H | 5×2 | 超差 1 处扣 5 分 | | | |
| 7 | 20±0.25 | 8 | 超差全扣 | | | |
| 8 | 32±0.3 | 6 | 超差全扣 | | | |
| 9 | 60±0.05 | 8 | 超差全扣 | | | |
| 10 | Ra 3.2（10 处） | 1×10 | 超差 1 处扣 1 分 | | | |
| 11 | 安全文明生产 | 10 | 违者全扣 | | | |

## 10.4 斜滑块制作

### 10.4.1 任务提出

斜滑块是在前面任务的基础上，由直角加工转化为斜角加工，在加工中需要掌握一些数学知识以计算各个节点，学习角度加工工艺和划线方法，能确定正确的加工顺序和编写工艺规程。巩固锯削、锉削基本功，学会使用万能角度尺。要锉削的斜滑块如图 10-21 所示。

### 10.4.2 任务分析

该任务属于板料零件，加工面狭长，形位公差在加工过程中要随时控制，才能保证零件最终的形位公差。学习板料的加工工艺，能正确使用万能角度尺测量角度，并对尺寸精度进行很好的控制。制定该零件加工工艺路线：坯料→划线→孔加工（钻、铰孔）→锯削→锉削→清角去毛刺→检验标识。

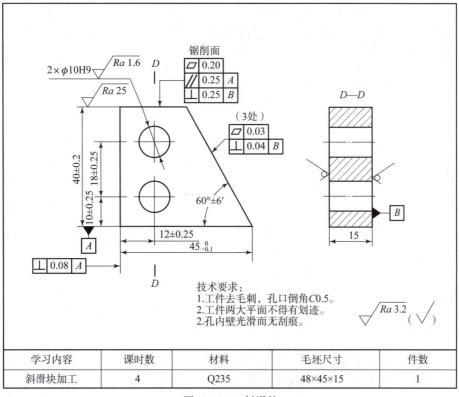

图 10-21 斜滑块

### 10.4.3 任务实施

#### 10.4.3.1 分析图纸，明确要求，确定加工工艺和加工前准备

**1. 坯料（图 10-22）**

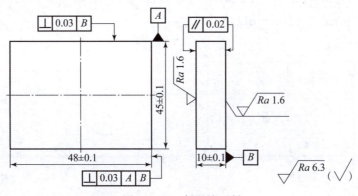

图 10-22 斜滑块坯料

**2. 划线前的准备**

1）检查坯料情况，做必要修整。锉削修整两基准面直到满足图纸技术要求并做标识，修整外形尺寸为（48±0.1）mm×（45±0.1）mm。

2）清理工件表面毛刺和杂质，确定基准面并做必要修整和标识。

3）整理划线工具。对部分划线工具做必要调整和校对，清理有关划线工具表面杂质，按要求摆放。

#### 10.4.3.2 划线（图10-23）

1）以基准面1为基准进行划线：12 mm［（12±0.25）mm］，45 mm（$45_{-0.1}^{0}$ mm），21.9 mm（说明：因采用连线划线方法，此尺寸利用三角函数计算间接得到）三条线。

2）以基准面2为基准进行划线：10 mm［（10±0.25）mm］，40 mm［（40±0.2）mm］，28 mm｛说明：第二个孔到基准2的距离，采用尺寸链求解得到28±0.5 mm［（10±0.25）mm与（18±0.25）mm］｝，41 mm（锯削线）。

3）连线：将尺寸线（21.9 mm）与尺寸线（40 mm）的交点和尺寸线（45 mm）与基准面2的交点两点用直线连接起来，再作一条与此连线平行的线，距离为1 mm，锯削时沿此线锯削。

注意：

①划线前必须严格检查坯料。清理工件表面毛刺和杂质，确定基准面并作修整和标识，整理划线工具等。

②为避免出错，划好线后可在工件轮廓线上每隔5~10 mm轻轻地打一个样冲眼，或用记号笔沿工件轮廓线划线，勾勒出工件形状。以后如遇到斜面划线时一律采用两点连线划线方法，不再说明。

③划线时需在工件的两面划线，避免重复划线。

#### 10.4.3.3 钻、铰孔

注意保护已加工完或以后不加工的工件表面，按操作规程操作。

在孔的相应位置十字交线上打准样冲眼（图10-24），先用φ8的麻花钻打一个底孔，接着用φ9.8的麻花钻扩孔，再用φ10H7的铰刀铰孔，最后用φ12的钻头倒角（倒角为C0.5）并去毛刺和杂质，使孔的精度达到要求。

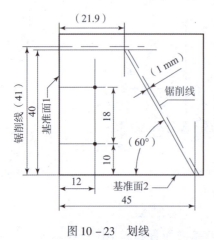

图10-23 划线

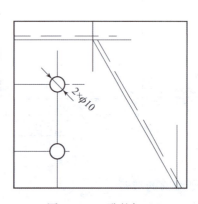

图10-24 孔的加工

注意：

①钻孔时要使钻床工作台表面、夹具、工件表面三者保持整洁、无杂质等。

②用夹具夹持工件。钻孔开始前一定要将工件放置、夹持正确，调整好钻孔位置，夹紧工件。等钻床主轴运转平稳后开始先试、点钻，重新调正钻孔位置，紧固夹具。

③正常钻削。主轴转速主要取决于钻头的材料、直径、工件的材料以及冷却条件等。φ10以下高速钢麻花钻，工件材料为Q235，无冷却状态下，转速一般选用800 r/min左右；用水冷却可选1 200 r/min左右。钻削过程中注意排屑，一般采用不连续切削，减少废屑长度，提高钻削质量，避免伤害发生。孔将通时用力要逐渐减小。根据实际适当使用切削液。

④铰孔。钻完孔后不要松动工件，直接将钻头换成机用铰刀，校正工件位置铰孔，铰孔时一定要加机油，主轴转速不得小于800 r/min。

⑤严格按《钻床操作规程》操作。特别要注意穿戴好合适的劳护用品，不允许戴手套，袖口封闭，不允许用嘴吹废屑，不允许用手直接抓持工件钻孔；夹具要固定牢固，锁紧钻床锁紧部位。

#### 10.4.3.4 锯、锉削

注意保护已加工完的工件表面。此时在台虎钳的钳口上要加用材料为紫铜或铝的软钳口夹持工件。

**1. 锯削**

1）平面锯削。为避免伤害已加工好的表面，锯削前先用锉刀在41 mm的尺寸线外侧锉一个小槽（或用左手拇指掐在41 mm尺寸线处，防止锯条打滑内移），再进行锯削，锯缝长度约24 mm，留的余量不得少于0.8 mm（图10-25）。

2）斜面锯削。为保证基准面质量，斜面锯削时应先在斜面线外侧相应位置用锉刀锉一个垂直斜面线的小台阶面（图10-26），然后从此台阶面上沿外面线平行于斜面线进行锯削，直至将边角料去除，留的余量不得少于0.8 mm。

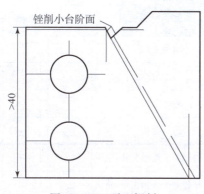

图10-25 平面锯削

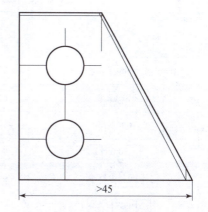

图10-26 斜面锯削

注意：

①工件夹持正确，起锯方式正确。锯角得当（≤15°），锯速平稳（20~40次/min）。

②锯削方向呈铅垂方向，锯缝较直，余量均匀，锯削面与大平面垂直。

③姿势正确。

**2. 锉削（图 10 - 27）**

1）先锉削尺寸为 40 mm ± 0.2 mm 的面，使尺寸达到图纸要求，同时修整该面的形位公差及表面质量直到满足技术要求，注意理顺锉纹方向。

2）加工斜面，修整 60°角。注意测量控制 60° ± 6′角度和线性尺寸 $45_{-0.1}^{0}$ 的精度，同时注意该面相关的□、⊥、∥及尺寸和锉纹方向。

注意：
① 工件装夹正确，锉刀运动平稳。
② 锉削力变化协调，注意塌角，避免将 60°角锉伤。
③ 锉刀型号选择合理，使用得当。锉纹方向一致，表面质量达到要求。
④ 每次测量前都要清理工件表面杂质和毛刺，校正量具，方法得当，姿势正确。

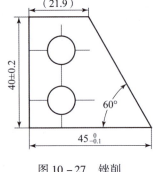

图 10 - 27 锉削

### 10.4.3.5 倒角、去毛刺和杂质等

清理毛刺，按图纸检验尺寸，稍做调整、复查全部精度并标识上交。将工、量、刃具擦拭干净，按要求放置整齐；标识工件并按规定存放；将钳工台打扫干净；将工作场所打扫干净，切断电源。

### 10.4.4 任务总结

通过本任务的训练，能正确制定加工工艺路线。选择较大平面作为基准，加工好基准之后做好标记，采用双面划线，然后加工与基准面垂直的另一个平面并进行检测，对不符合要求的，要及时进行修正。最后根据检测内容，完成表 10 - 13。

表 10 - 13 斜滑块加工任务评价

| 序号 | 检测内容与技术要求 | 配分 | 评分标准 | 学生自评 | 小组互评 | 教师评价 |
|---|---|---|---|---|---|---|
| 1 | $45_{-0.1}^{0}$ | 5 | 超差全扣 | | | |
| 2 | 40 ± 0.2 | 8 | 超差全扣 | | | |
| 3 | 60° ± 6′ | 5 | 超差全扣 | | | |
| 4 | ⊥ 0.08 A | 5 | 超差全扣 | | | |
| 5 | ⊥ 0.04 B（3处） | 5 × 3 | 每超差 1 处扣 5 分 | | | |
| 6 | □ 0.03（3处） | 3 × 3 | 每超差 1 处扣 3 分 | | | |
| 7 | Ra 3.2（3处） | 2 × 3 | 每超差 1 处扣 2 分 | | | |
| 8 | □ 0.20 | 4 | 超差全扣 | | | |
| 9 | ⊥ 0.25 B | 5 | 超差全扣 | | | |

续表

| 序号 | 检测内容与技术要求 | 配分 | 评分标准 | 学生自评 | 小组互评 | 教师评价 |
|---|---|---|---|---|---|---|
| 10 | ∥ 0.25 A | 5 | 超差全扣 | | | |
| 11 | 2×φ10H9（2处） | 2.5×2 | 超差1处扣2.5分 | | | |
| 12 | 12±0.25 | 3 | 超差全扣 | | | |
| 13 | 10±0.25 | 3 | 超差全扣 | | | |
| 14 | 18±0.25 | 8 | 超差全扣 | | | |
| 15 | Ra 1.6（2处） | 2×2 | 超差1处扣2分 | | | |
| 16 | 安全文明生产 | 10 | 违者全扣 | | | |

### 10.4.5 案例拓展——斜限位块制作

斜限位块如图10-28所示。

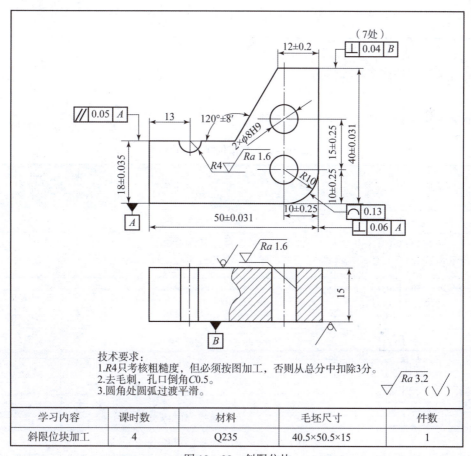

图10-28 斜限位块

### 10.4.5.1 根据给定的图样（斜限位块），列出加工该零件所需要的工量具名称及规格（表10-14）

表10-14 工量具准备

| 序号 | 类别 | 名称与规格 | 数量 |
|---|---|---|---|
| 1 | 工具 | | |
| 2 | 量具 | | |

### 10.4.5.2 写出工件加工的主要步骤（表10-15）

表10-15 工件加工的主要步骤

| 步骤序号 | 加工内容 | 步骤序号 | 加工内容 |
|---|---|---|---|
| | | | |
| | | | |
| | | | |
| | | | |
| | | | |

### 10.4.5.3 按照图样进行加工

### 10.4.5.4 对零件进行检测，并完成表10-16

表10-16 斜限位块加工评价

| 序号 | 检测内容与技术要求 | 配分 | 评分标准 | 学生自评 | 小组互评 | 教师评价 |
|---|---|---|---|---|---|---|
| 1 | 18±0.035 | 7 | 超差全扣 | | | |
| 2 | 40±0.031 | 5 | 超差全扣 | | | |
| 3 | 12±0.2 | 4 | 超差全扣 | | | |
| 4 | 50±0.031 | 5 | 超差全扣 | | | |
| 5 | 120°±8′ | 6 | 超差全扣 | | | |
| 6 | ⌒ 0.13 | 4 | 超差全扣 | | | |
| 7 | ∥ 0.05 A | 4 | 超差全扣 | | | |
| 8 | ⊥ 0.06 A | 5 | 超差全扣 | | | |
| 9 | ⊥ 0.04 B （7处） | 2×7 | 超差1处扣2分 | | | |
| 10 | Ra 3.2（7处） | 2×7 | 超差1处扣2分 | | | |
| 11 | 2×φ8H9 | 2×2 | 超差1处扣2分 | | | |

续表

| 序号 | 检测内容与技术要求 | 配分 | 评分标准 | 学生自评 | 小组互评 | 教师评价 |
|---|---|---|---|---|---|---|
| 12 | 10±0.25（2处） | 2×2 | 超差1处扣2分 | | | |
| 13 | 15±0.25 | 8 | 超差全扣 | | | |
| 14 | Ra 1.6（3处） | 2×3 | 超差1处扣2分 | | | |
| 15 | 安全文明生产 | 10 | 违者全扣 | | | |

## 10.5 燕尾板制作

### 10.5.1 任务提出

燕尾结构在机械行业中比较常见，比如燕尾导轨。燕尾件也是钳工锉削角度类工件中典型零件之一，其操作涉及角度的计算、尺寸的换算等。本任务通过加工燕尾板，学习凸燕尾的加工和测量方法，特别是燕尾宽度的计算和测量。单燕尾板制作图样如图10-29所示。

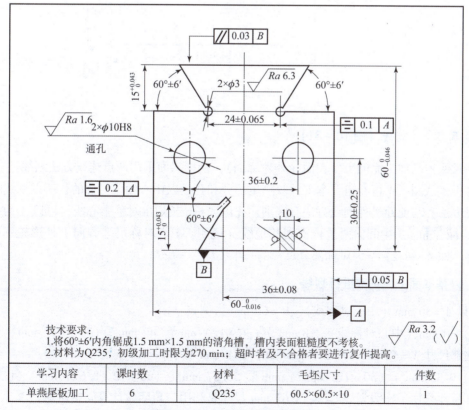

技术要求：
1. 将60°±6′内角锯成1.5 mm×1.5 mm的清角槽，槽内表面粗糙度不考核。
2. 材料为Q235，初级加工时限为270 min；超时者及不合格者要进行复作提高。

| 学习内容 | 课时数 | 材料 | 毛坯尺寸 | 件数 |
|---|---|---|---|---|
| 单燕尾板加工 | 6 | Q235 | 60.5×60.5×10 | 1 |

图10-29 单燕尾板制作图样

### 10.5.2 任务分析

通过图样分析，掌握燕尾的相关尺寸计算，锉配时各有关尺寸的换算、加工和测量方法，提高锉削技能。本任务含有内角加工的方法并注意清角处理，需要懂得运用间接测量控制相关尺寸。初步熟悉对称件划线、加工的基本方法，学会铰孔。制定工艺路线：坯料→划线→（钻、铰孔）→锯削→锉削→清角去毛刺→检验标识。

### 10.5.3 任务实施

**10.5.3.1 分析图纸，明确要求，制定加工工艺，做好加工前的准备**

**1. 坯料（图 10–30）**

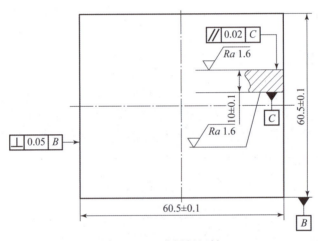

图 10–30 燕尾板坯料

**10.5.3.2 划线（图 10–31）**

注意保护已加工完的工件表面（外轮廓面），燕尾斜面采用两点连线方法划线。

分析：从图纸中可看出，本工件双燕尾部分和孔是以中心轴线对称的，所以划线时用对称划线方法，与前面工件划线方法有区别。先以 $A$ mm 长划出对称中心线，再以 $A$ 为基准加 $X$ mm、减 $X$ mm 从中间向两边依次划其他线（说明：$A$ 为对称尺寸方向上外形轮廓长度 $B$ 的一半，即 $A = B/2$；$X$ 为对称部分尺寸的一半，即 $X = L/2$）。

**1. 以基准面 1 为基准进行划线**

（以 $A = 30$ mm（中心对称线），$B = 60$ mm 为例）

1）30 mm（中心对称线），18 mm ［（30 – 12）mm］，42 mm ［（30 + 12）mm］［说明：燕尾底部尺寸 $X = 12$ mm，由 $L = (24 \pm 0.065)$ mm 得来］。

2）9.33 mm ［（30 – 12 – 8.67）mm］，50.67 mm ［（30 + 12 + 8.67）mm］（说明：燕尾顶部尺寸采用了连线划线方法；8.67 mm 尺寸是利用三角函数计算间接所得）。

3）12 mm ［（30 – 18）mm］，48 mm ［（30 + 18）mm］（说明：两孔的尺寸线 $X =$

18 mm，由 $L = 36$ mm ± 0.2 mm 得来）。

4）24 mm［（60 − 36）mm］（说明：单燕尾底部尺寸），15.33 mm［（60 − 36 − 8.67）mm，说明：单燕尾顶部尺寸 8.67 mm 是利用三角函数计算间接所得］。

### 2. 以基准面 2 为基准进行划线

15 mm［（15 + 0.043 0）mm，说明：单燕尾底面到基准 2 的尺寸］，30 mm［（30 ± 0.25）mm］，15 mm［（15 + 0.043 0）mm，说明：划线时先用高度尺测量一下基准面 2 对立面到基准面 2 的距离 $L = 60$ mm，再用 $L − 15 = 45$ mm 划双燕尾底面线］，合计三条线。

### 3. 连线

根据图纸用划针和钢直尺将燕尾斜面部分相关线连接，再分别作一条与外轮廓线平行的线（如图 10 - 31 中点画线），距离约为 1 mm，锯削时沿此线锯削。

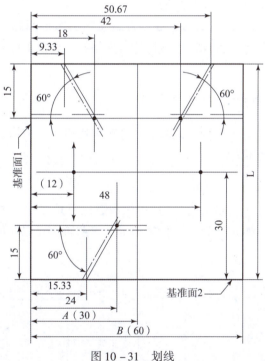

图 10 - 31　划线

注意：

① 划线前必须严格检查坯料。清理工件表面毛刺和杂质，确定基准面并做修整和标识，整理划线工具等。

② 严格按对称图形方法划线。为避免出错，划好线后可在工件轮廓线上每隔 5 ~ 10 mm 轻轻地打一个样冲眼，或用记号笔沿工件轮廓线划线，勾勒出工件形状。

③ 划线时需在工件的两面划线，避免重复划线，连线清晰细腻。

#### 10.5.3.3　孔加工（图 10 - 32）

注意保护工件外轮廓侧表面。

1）打工艺孔。在 3 个工艺孔位置先正确打上样冲眼，再用 ϕ3 钻头直接打通孔（说明：

此孔在接下来钻孔时用 φ6 钻头倒角去毛刺；以后凡遇到有工艺孔不再钻孔，尽量用锯削方法代替打工艺孔，锯削方向为沿角平分线，锯削宽度约 2 mm，深度约 2 mm）。

2）在孔的相应位置十字交线上打准样冲眼（图 10 - 32），先用 φ6 的麻花钻打一个底孔，接着用 φ9.8 的麻花钻扩孔，再用 φ10H7 的铰刀铰孔，最后用 φ12 的钻头倒角（C0.5）并去毛刺、杂质，使孔的精度达到要求。

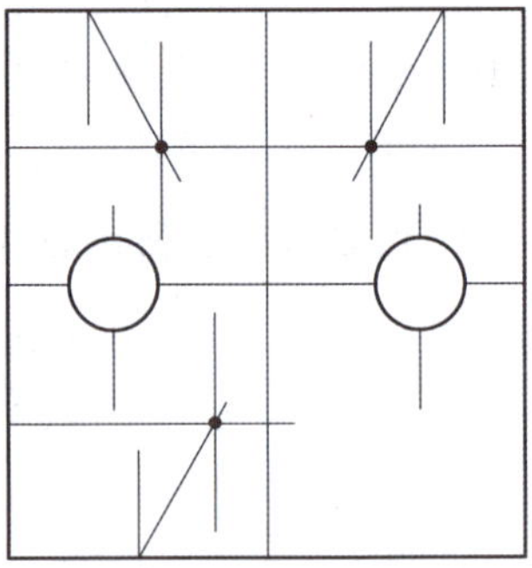

图 10 - 32  孔的加工

注意：

① 钻孔时要使钻床工作台表面、夹具、工件表面三者保持整洁、无杂质等，用夹具夹持工件。

② 打工艺孔时所用钻头较小（φ3），防止折断。主轴转速不能过低，用力要相对较小，进给要慢，排屑要勤，并适当采用冷却液。

③ 严格按《钻床操作规程》操作。正确穿戴合适的劳护用品，不允许戴手套，袖口封闭，不允许用嘴吹废屑，不允许用手直接抓持工件钻孔；要使工件、夹具固定牢固可靠，锁紧钻床锁紧部位。

### 10.5.3.4 锯、锉削加工

注意保护工件已加工好的表面。此时在台虎钳的钳口上要加用材料为紫铜或铝的活钳口夹持工件，以后不再详细说明。

**1. 双燕尾部分加工**

1）先去掉一角［图 10 - 33（a）］。用中纹板锉或三角锉粗、半精加工，待余量均匀且较小时，再用细纹三角锉或清角锉刀进行精加工。注意防止锉塌外角，清角时注意内角底部到位。

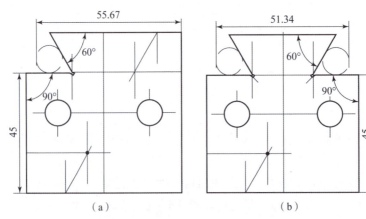

图 10 - 33  双燕尾部分加工

2）测量。使用万能角度尺测量 60°和 90°角。台阶面尺寸为 45 mm，燕尾顶角线性尺寸采用间接测量，将 φ10 的测量棒放在燕尾上一起测量［图 10 - 33（a）］，通过计算可知测量实际尺寸为 55.67 mm，间接保证燕尾以中心线对称（控制尺寸 24 mm±0.065 mm 达到图纸要求）。

3) 再去掉另一角［图10-33（b）］。加工方法、要求同前。台阶面尺寸为45 mm，燕尾顶角线性尺寸仍采用间接测量，这时将两个φ10的测量棒放在燕尾两边一起测量，通过计算可知测量实际尺寸为51.34 mm［图10-33（b）］，间接保证燕尾以中心线对称。

注意：

① 清角锉刀处理方法：将板锉的一侧面锉纹全磨削掉，使磨削面光滑平整，磨削面与锉刀大平面夹角约55°，呈刀口状，棱角较直。

② 为保证对称，加工双燕尾部分时只能先去掉一个角，待加工合格后再去掉另一个角。将棱角毛刺、杂质及时清理干净，边加工边测量。

③ 精加工时要避免碰伤另一面。因燕尾夹角与三角锉夹角相等，用三角锉时要将一面锉纹全磨削掉。最好用清角锉刀清角。

④ 采用测量棒通过计算间接测量相关尺寸，不可直接测量。

⑤ 燕尾两边台阶面尺寸（45 mm）一定要一致。

**2. 单燕尾部分加工（图10-34）**

1) 先在工件轮廓线外侧锯掉多余料，再进行锉削加工，方法和要求与前面相同。测量时仍然采用测量棒间接测量，测量实际尺寸为49.67 mm（如图10-34所示，间接控制尺寸36 mm±0.08 mm达到图纸要求），修整30 mm尺寸。

2) 去毛刺，复检全部精度。

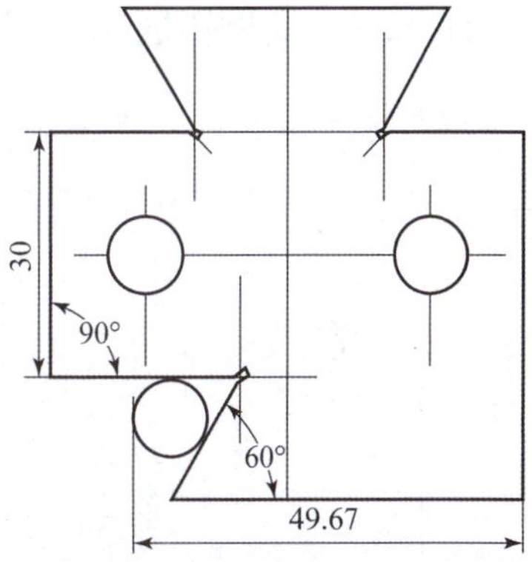

### 10.5.3.5　倒角、去毛刺和杂质等

去毛刺，倒角，复查全部精度，并做标识，擦油、上交评分。将工、量、刃具擦拭干净，按要求放置整齐；标识工件并按规定存放；将钳工台打扫干净；将工作场所打扫干净，切断电源。

### 10.5.4　任务总结

在加工中，切不可将两肩同时锯除，否则会使一侧面测量失去测量基准。加工燕尾时，锉刀修磨角度要小于燕尾角度，及时清理毛刺，避免其对测量造成影响。根据测量的内容，完成表10-17。

图10-34　单燕尾部分加工

表10-17　燕尾板制作任务评价

| 序号 | 检测内容与技术要求 | 配分 | 评分标准 | 学生自评 | 小组互评 | 教师评价 |
|---|---|---|---|---|---|---|
| 1 | $60_{-0.016}^{0}$（2处） | 6 | 超差全扣 | | | |
| 2 | $15_{0}^{+0.043}$（3处） | 5×3 | 超差1处扣5分 | | | |
| 3 | 24±0.065 | 8 | 超差全扣 | | | |
| 4 | 36±0.08 | 8 | 超差全扣 | | | |
| 5 | 30±0.25 | | 超差全扣 | | | |
| | 60°±6′（3处） | 3×3 | 超差1处扣3分 | | | |

续表

| 序号 | 检测内容与技术要求 | 配分 | 评分标准 | 学生自评 | 小组互评 | 教师评价 |
|---|---|---|---|---|---|---|
| 6 | ∥ 0.03 B | 4 | 超差全扣 | | | |
| 7 | ⊥ 0.05 B | 3 | 超差全扣 | | | |
| 8 | = 0.1 A | 4 | 超差全扣 | | | |
| 9 | Ra 3.2（10 处） | 1×10 | 超差 1 处扣 1 分 | | | |
| 10 | 2×φ10H8 | 2×2 | 超差 1 处扣 2 分 | | | |
| 11 | 36±0.2 | 4 | 超差全扣 | | | |
| 12 | = 0.2 A | 4 | 超差全扣 | | | |
| 13 | Ra 1.6（2 处） | 1.5×2 | 超差 1 处扣 1.5 分 | | | |
| 14 | 安全文明生产 | 10 | 违者全扣 | | | |

### 10.5.5 案例拓展——双燕尾板加工

双燕尾板如图 10-35 所示。

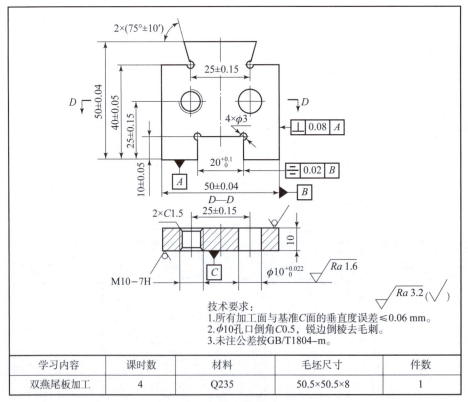

图 10-35 双燕尾板

## 项目10 综合训练

### 10.5.5.1 根据给定的图样（双燕尾板），列出加工该零件所需要的工量具名称及规格（表10–18）

表10–18 工量具准备

| 序号 | 类别 | 名称与规格 | 数量 |
|---|---|---|---|
| 1 | 工具 | | |
| 2 | 量具 | | |

### 10.5.5.2 写出工件加工的主要步骤（表10–19）

表10–19 工件加工的主要步骤

| 步骤序号 | 加工内容 | 步骤序号 | 加工内容 |
|---|---|---|---|
| | | | |
| | | | |
| | | | |
| | | | |
| | | | |

### 10.5.5.3 按照图样进行加工

### 10.5.5.4 对零件进行检测，并完成表10–20

表10–20 双燕尾板加工任务评价

| 序号 | 检测内容与技术要求 | 配分 | 评分标准 | 学生自评 | 小组互评 | 教师评价 |
|---|---|---|---|---|---|---|
| 1 | 50±0.04（2处） | 4×2 | 超差1处扣4分 | | | |
| 2 | ⊥ 0.08 A | 5 | 超差全扣 | | | |
| 3 | 40±0.05（2处） | 2×2 | 超差1处扣2分 | | | |
| 4 | 75°±10′（2处） | 2×2 | 超差1处扣2分 | | | |
| 5 | 25±0.15（4处） | 4×4 | 超差1处扣4分 | | | |
| 6 | $20_{0}^{+0.1}$ | 4 | 超差全扣 | | | |
| 7 | 10±0.05 | 4 | 超差全扣 | | | |
| 8 | ≡ 0.02 B | 4 | 超差全扣 | | | |
| 9 | 与基准C面的垂直度 | 1×12 | 超差1处扣1分 | | | |
| 10 | Ra 3.2 | 1×12 | 超差1处扣1分 | | | |
| 11 | $\phi 10_{0}^{+0.022}$ | 4 | 超差全扣 | | | |
| 12 | Ra 1.6 | 2 | 超差全扣 | | | |

续表

| 序号 | 检测内容与技术要求 | 配分 | 评分标准 | 学生自评 | 小组互评 | 教师评价 |
| --- | --- | --- | --- | --- | --- | --- |
| 13 | M10－7H | 4 | 超差全扣 | | | |
| 14 | 孔口倒角（4处） | 1×4 | 超差1处扣1分 | | | |
| 15 | 去毛刺 | 3 | 超差全扣 | | | |
| 16 | 安全文明生产 | 10 | 违者全扣 | | | |

## 10.6 凸、凹件配合制作

### 10.6.1 任务提出

在钳工加工中，往往还会碰到两件甚至多件配合的加工。凸件加工和前面所讲的方法类似，但内型腔的加工和外形面的加工有所不同，涉及钻排孔、余料的去除、尺寸的换算等。通过本任务可学习凹槽的加工与测量方法、对称度的测量与控制方法以及两件配合的加工方法。具体图样如图10－36所示。

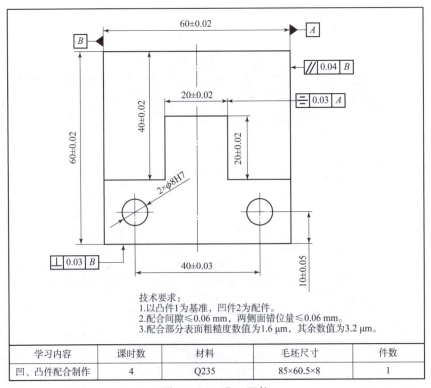

技术要求：
1. 以凸件1为基准，凹件2为配件。
2. 配合间隙≤0.06 mm，两侧面错位量≤0.06 mm。
3. 配合部分表面粗糙度数值为1.6 μm，其余数值为3.2 μm。

| 学习内容 | 课时数 | 材料 | 毛坯尺寸 | 件数 |
| --- | --- | --- | --- | --- |
| 凹、凸件配合制作 | 4 | Q235 | 85×60.5×8 | 1 |

图10－36 凸、凹件

## 10.6.2 任务分析

本任务是简单两件配合，不仅要完成单件的质量和精度，同时要保证两件配合的间隙和精度；包括具有对称度要求的工件划线、加工和测量方法，形位公差、表面粗糙度要求，保证锉配精度。初步懂得使用塞尺，使互配零件能正反互换，保证对称互换。学会排孔、钻孔与锯削等方法。制定工艺路线：坯料→划线→（钻、铰孔）→锯削→锉削→清角修配→去毛刺→检验标识。

## 10.6.3 任务实施

### 10.6.3.1 分析图纸，明确要求，制定加工工艺，做好加工前的准备

**1. 坯料（图10－37）**

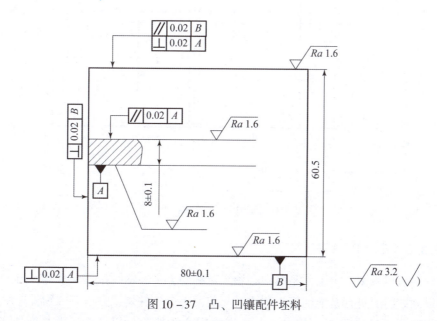

图10－37　凸、凹镶配件坯料

**2. 划线前的准备**

1）检查坯料情况，做必要修整。确定两基准面并做必要修整和标识，使基准面达到图纸技术要求。修整外形尺寸（60±0.02）mm×83 mm，使之达到图纸相关技术要求。

2）清理工件表面毛刺和杂质，整理划线工具。对部分划线工具做必要调整和校对，清理有关划线工具表面上的杂质，按要求摆放。

注意：

① 因划完线后工件宽度（60 mm±0.02 mm）方向两侧面以后不再进行加工了，为便于计算、划线和测量，此时宽度实际尺寸要尽量修整到中间值60 mm（60 mm±0.02 mm），公差、表面质量等都应修整到满足图纸技术要求。长度方向尺寸可在82.5~83.0 mm，但其他技术要求此时也应修整到满足图纸要求，因为无特殊情况的话，以后这两个面就不再进行加工修整了。

② 此工件为中心轴面对称件，为保证工件互换和划线方便，能对 20 mm 凸、凹形的对称度进行测量控制；对 60 mm 处的实际尺寸必须测量准确，并应取其各点实测值的平均值（说明：此工件划线以尺寸中间值 60 mm 为例，以后遇到工件对称尺寸类似情况时不再说明）。

#### 10.6.3.2 划线（图 10 – 38）

注意保护已加工完或不再加工的工件表面。

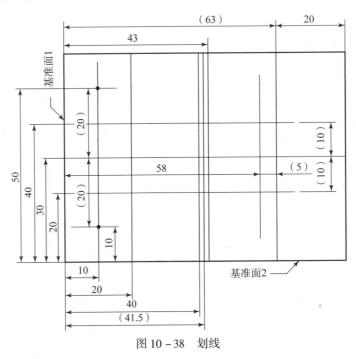

图 10 – 38 划线

#### 10.6.3.3 孔加工

从图纸中可以看出，本工件是以中心轴线对称的，中心轴线是设计基准，与工艺基准不重合，所以划线时要进行基准转换。划线时与前面部分工件划线方法有区别，采用对称划线方法。先以基准面 2 为基准，以 $A$ mm 长划出中心轴线，再以 $A$ mm 为基准加 $X$ mm、减 $X$ mm 从中间向两边依次划出其他线（说明：$A$ 为此对称尺寸方向上外形轮廓长度 $B$ 的一半尺寸，即 $A = B/2$；$X$ 为对称部分尺寸的一半，即 $X = L/2$）。

**1. 以基准面 2 为基准进行划线**

（以 $A = 30$ mm（中心轴线），$B = 60$ mm 为例）。

1) 30 mm（对称中心轴线），20 mm（30 mm – 10 mm），40 mm（30 mm + 10 mm）（说明：$X = 10$ mm，由 $L = 20$ mm ± 0.02 mm 得到）。

2) 50 mm（30 mm + 20 mm），10 mm（30 mm – 20 mm）（说明：$X = 20$ mm，由 $L = 40$ mm ± 0.03 mm 得到）。

**2. 以基准面 1 为基准进行划线**

10 mm（孔 10 ± 0.05 mm），20 mm［凸件台阶高度由 60 mm ± 0.02 mm、40 mm ± 0.02 mm

采用尺寸链求解得到（20±0.04）mm］，40 mm（凸件高度由 20 mm±0.02 mm、20 mm±0.04 mm 采用尺寸链求解得到 40 mm），63 mm（凹件凹槽底面至基准面 1 尺寸，划线时先用高度尺测量一下基准面 1 到对立面的实际距离值 $C = 83$ mm，再用 $C - 20$ mm = 63 mm 划凹件凹槽底面线），43 mm（凹件凹槽顶面至基准面 1 尺寸，划线时根据此前测量的实际距离 $C = 83$ mm，再用 $C - 40$ mm = 43 mm 划凹件凹槽顶面线），58 mm（凹槽底面锯削工艺孔线距凹槽底面 5 mm，如图 10 - 38 所示），合计六条线。

注意：

① 划线前必须严格检查坯料。整理划线工具，清理工件表面毛刺和杂质，确定基准面并做修整和标识等。

② 勾勒出工件形状。划线时需在工件两面划线，避免重复划线。

③ 可用锯削、排孔等方法去除凹槽废料。此处采用锯削方法，但需打正确工艺孔。以后如遇此类情况，都要采用先打工艺孔后锯削的方法，不再详细说明。

### 3. 孔的加工（图 10 - 39）

注意保护工件外轮廓表面。在孔的相应位置十字交线上打准样冲眼（图 10 - 39），先用 $\phi 6$ 的麻花钻打一个底孔，接着用 $\phi 7.8$ 的麻花钻扩孔，再用 $\phi 8H7$ 的铰刀铰孔，最后用 $\phi 12$ 的钻头倒角（$C0.5$）并去毛刺、杂质，使孔的精度达到要求。对凹件锯削工艺孔 $\phi 7.8$，位置以不超过工件轮廓线为准。

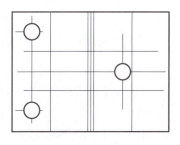

图 10 - 39　孔的加工

注意：严格按《钻床操作规程》操作。

#### 10.6.3.4　锯、锉加工凸件

注意保护工件已加工好的表面。

### 1. 分割、修整（图 10 - 40）

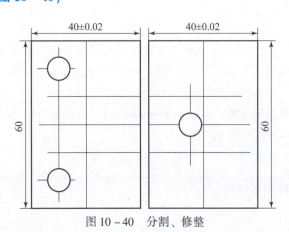

图 10 - 40　分割、修整

1）锯削加工。在凸、凹件顶面线中间余量位置进行锯削，将工件一分为二。

2）锉削加工。锉削锯削面，将两工件分别加工到相应尺寸（60 mm × 40 mm），控制 40 mm±0.02 mm 尺寸，修整锉削面形位公差和表面质量达到图纸技术要求。

注意：

①起锯时要避免锯条打滑、锯伤已加工好的表面，锯削时锯缝控制在两直线之间，两边余量尽量均匀。

②在基准件（凸件）开始加工前必须将凸、凹件锯削面锉削完成并达到图纸技术要求。

**2. 基准件（凸件）加工（图 10–41）**

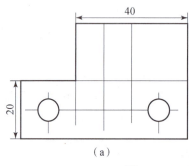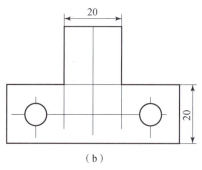

图 10–41　基准件（凸件）加工

1）先加工一角，如图 10–41（a）所示。

①按划线位置可任意锯除一角，粗锉两锯削面，留精加工余量 0.2 mm。

②精加工肩高尺寸 20 mm，保证与各平面的垂直度、平行度和粗糙度达到要求。

③精加工肩宽尺寸 40 mm（实际宽度尺寸 60/2 mm + 10 mm），保证与各平面的垂直度、平行度和粗糙度达到要求。通过控制 40 mm 的尺寸误差值，间接保证凸台在获得尺寸 20 mm ± 0.02 mm 的同时，又能保证其错位量在 0.06 mm 内。

2）按划线位置锯去另一个垂直角，如图 10–41（b）所示。用上述方法锉削另一肩，保证与各平面的垂直度、平行度、粗糙度和对称度达到要求，并控制肩高尺寸 20 mm，保证凸形面的高度尺寸 20 mm ± 0.02 mm 达到要求。

3）清角及去毛刺。

注意：

①测量宽度实际尺寸，并记录（此工件宽度尺寸以 $B = 60$ mm 为例）。

②加工凸件时两角只能先去掉其中一角，待这个角加工完成达到相关技术要求后才能再去掉另一角进行加工，否则错位量超差，不能保证工件对称。

③凸件两台阶面肩高尺寸要一致，在修配前肩高尺寸留 0.05 mm 余量。

④使清角到位，及时去除棱角毛刺。

⑤严格修整凸件，尤其使形位公差符合图纸技术要求。

**10.6.3.5　锯、锉加工凹件**

**1. 锯削**

用钻头在相应位置钻出一个工艺孔（如图 10–39 或图 10–40 所示），然后用磨过的窄锯条伸进孔中锯除中间余料。

**2. 锉削**

1) 粗锉凹槽各面，留余量 0.2 mm。

2) 精锉凹槽两侧垂直面，各留余量 0.03 mm，保证与各平面的垂直度、平行度和粗糙度达到要求。

3) 精锉凹槽底面，留余量 0.05 mm，保证与各平面的垂直度、平行度和粗糙度达到要求（图 10-42）。

注意：

① 因备料过程中凸、凹件坯料采用合在一起备料的方法（图 10-37），所以宽度实际长度尺寸 $B$ 是一致的，在此无须再重复测量和记录（$B=60$ mm）。

② 凹件凹槽两侧面之间尺寸（$20 \pm 0.02$）mm 受其两边凸出部分尺寸影响较大，为保证配合间隙和对称，凹槽每面留有 0.02 mm 余量，锉削过程中两边凸出部分尺寸取正公差，数值一致相等。

③ 使清角到位、凹陷底面形位公差合格；避免锉伤内侧面，及时去除棱角毛刺。

④ 两内侧面易锉成喇叭口，锉削时要注意及时测量控制。

### 10.6.3.6 修配、倒角、去毛刺等（图 10-43）

注意保护工件上已加工好的表面。

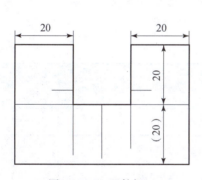

图 10-42 凹件加工

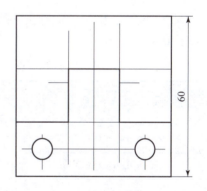

图 10-43 修配

**1. 锉配槽宽**

1) 精细加工凹槽一侧面。控制实际宽度尺寸 20 mm（工件实际宽度尺寸 60 mm/2 - 凸件凸台实际宽度尺寸 20 mm/2 = 20 mm）的误差值，保证与各平面的垂直度、平行度和粗糙度达到要求。

2) 精细锉凹槽另一侧面。以第一侧面为基准，用凸件试配槽宽至间隙达到要求为止，保证与各平面的垂直度、平行度和粗糙度达到要求。

**2. 锉配槽深**

以凸件为基准，试配两肩及槽底间隙达到要求为止。

**3. 修正配合尺寸**

如配合尺寸偏大，一般修整凹件相应外轮廓底面，使配合尺寸（60 mm ± 0.02 mm）达到图纸要求。

注意：

①修配过程中只能以凸件为基准修凹件，凸件不可修整。

②修配过程中按实际尺寸先修凹槽一内侧面（标识一下），达到要求后将其作为基准，再修另一凹槽侧面配作，注意两边尺寸一致，这样既能使配合错位量在规定技术要求内，又能使工件具有互换性。

③凹槽底面最后修整。如两肩有间隙，则修凹槽底面；凹槽底面有间隙，则修凹槽两顶面。注意清角和去除毛刺。

④间隙均匀，配合尺寸合格。

### 4. 整理现场、标识上交

去毛刺，倒角，复查全部精度，并做标识，擦油、上交评分。将工、量、刃具擦拭干净，按要求放置整齐；标识工件并按规定存放；将钳工台面打扫干净；将工作场所打扫干净，切断电源。

### 10.6.4 任务总结

通过本任务练习，需要掌握对称件工件划线方法及注意点事项，能合理进行加工顺序安排、相关尺寸计算和内角加工。在凸、凹件配合制作过程中，要先保证凸件的精度，凹件的配合尺寸由凸件的尺寸来决定和修配，配合间隙通过不断修配来实现，最后通过工件检测内容，完成表10-21。

表 10-21　凸、凹件加工任务评价

| 序号 | 检测内容与技术要求 | 配分 | 评分标准 | 学生自评 | 小组互评 | 教师评价 |
|---|---|---|---|---|---|---|
| 1 | 60±0.02（3处） | 4×3 | 超差1处扣4分 | | | |
| 2 | 20±0.02（4处） | 3×4 | 超差1处扣3分 | | | |
| 3 | 10±0.05（2处） | 3×2 | 超差1处扣3分 | | | |
| 4 | 40±0.03 | 5 | 超差全扣 | | | |
| 5 | 2×φ8H7（2处） | 3×2 | 超差1处扣3分 | | | |
| 6 | 40±0.02 | 4 | 超差全扣 | | | |
| 7 | 配合间隙≤0.06（5面） | 2×5 | 超差1处扣2分 | | | |
| 8 | 错位量≤0.06 | 4 | 超差全扣 | | | |
| 9 | Ra 1.6（10处） | 1×10 | 超差1处扣1分 | | | |
| 10 | Ra 3.2（6处） | 1×6 | 超差1处扣1分 | | | |
| 11 | ⊥ 0.03 B | 5 | 超差全扣 | | | |

续表

| 序号 | 检测内容与技术要求 | 配分 | 评分标准 | 学生自评 | 小组互评 | 教师评价 |
|---|---|---|---|---|---|---|
| 12 | ⌰ 0.03 A | 5 | 超差全扣 | | | |
| 13 | ∥ 0.04 B | 5 | 超差全扣 | | | |
| 14 | 安全文明生产 | 10 | 违者全扣 | | | |

### 10.6.5 案例拓展——单斜配合副制作

单斜配合副制作零件如图 10-44 所示。

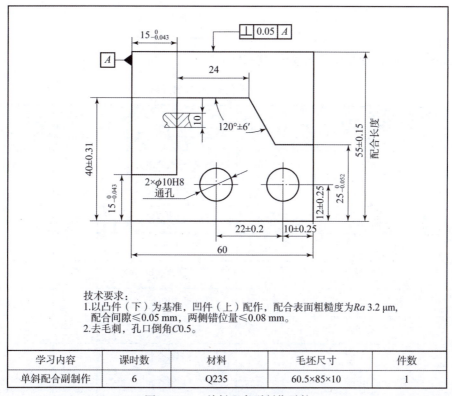

技术要求：
1. 以凸件（下）为基准，凹件（上）配作，配合表面粗糙度为 $Ra$ 3.2 μm，配合间隙≤0.05 mm，两侧错位量≤0.08 mm。
2. 去毛刺，孔口倒角 $C0.5$。

| 学习内容 | 课时数 | 材料 | 毛坯尺寸 | 件数 |
|---|---|---|---|---|
| 单斜配合副制作 | 6 | Q235 | 60.5×85×10 | 1 |

图 10-44 单斜配合副制作零件

#### 10.6.5.1 根据给定的图样（单斜配合副），列出加工该零件所需要的工量具名称及规格（表 10-22）

表 10-22 工量具准备

| 序号 | 类别 | 名称与规格 | 数量 |
|---|---|---|---|
| 1 | 工具 | | |
| 2 | 量具 | | |

### 10.6.5.2 写出工件加工的主要步骤（表10-23）

表10-23 工件加工的主要步骤

| 步骤序号 | 加工内容 | 步骤序号 | 加工内容 |
|---|---|---|---|
|  |  |  |  |
|  |  |  |  |
|  |  |  |  |
|  |  |  |  |
|  |  |  |  |

### 10.6.5.3 按照图样进行加工

### 10.6.5.4 零件检测，并完成表10-24

表10-24 单斜配合副制作评价

| 序号 | 检测内容与技术要求 | 配分 | 评分标准 | 学生自评 | 小组互评 | 教师评价 |
|---|---|---|---|---|---|---|
|  | 60 | 5 | 超差全扣 |  |  |  |
| 1 | 40±0.31 | 5 | 超差全扣 |  |  |  |
| 2 | $25_{-0.052}^{0}$ | 4 | 超差全扣 |  |  |  |
| 3 | $15_{-0.043}^{0}$（2处） | 4×2 | 超差1处扣4分 |  |  |  |
| 4 | 120°±6′ | 4 | 超差全扣 |  |  |  |
| 5 | Ra 3.2（12处） | 1×12 | 超差1处扣1分 |  |  |  |
| 6 | 2×φ10H8 | 2×2 | 超差1处扣2分 |  |  |  |
| 7 | 22±0.2 | 4 | 超差全扣 |  |  |  |
| 8 | 10±0.25 | 4 | 超差全扣 |  |  |  |
| 9 | 12±0.25 | 4 | 超差全扣 |  |  |  |
| 10 | Ra 1.6（2处） | 2×2 | 超差1处扣2分 |  |  |  |
| 11 | 55±0.15 | 6 | 超差全扣 |  |  |  |
| 12 | ⊥ 0.05 A | 5 | 超差全扣 |  |  |  |
| 13 | 配合间隙≤0.05（5面） | 3×5 | 超差1处扣3分 |  |  |  |
| 14 | 错位量≤0.08 | 6 | 超差全扣 |  |  |  |
| 15 | 安全文明生产 | 10 | 违者全扣 |  |  |  |

## 10.7 燕尾镶配件制作

### 10.7.1 任务提出

在实际生活中，常常会两件或者两件以上燕尾进行配合。通过本任务训练熟练掌握燕尾类工件锉配技能及计算、测量方法并能对配合间隙的控制与工件互换性进行修配，保证配合精度要求。具体如图10-45所示。

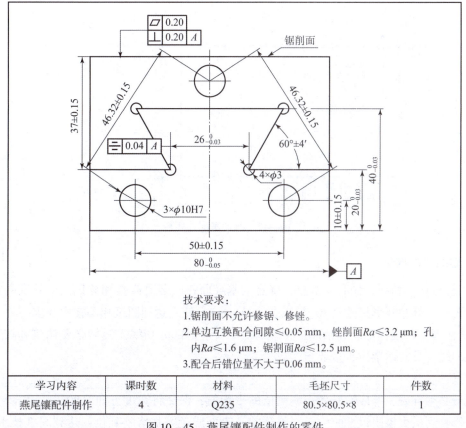

技术要求：
1. 锯削面不允许修锯、修锉。
2. 单边互换配合间隙≤0.05 mm，锉削面$Ra$≤3.2 μm；孔内$Ra$≤1.6 μm；锯割面$Ra$≤12.5 μm。
3. 配合后错位量不大于0.06 mm。

| 学习内容 | 课时数 | 材料 | 毛坯尺寸 | 件数 |
|---|---|---|---|---|
| 燕尾镶配件制作 | 4 | Q235 | 80.5×80.5×8 | 1 |

图10-45 燕尾镶配件制作的零件

### 10.7.2 任务分析

本任务主要是在简单凸凹件配合基础上设计的，对难度进行了适当提高，要求不仅保证单件的质量和精度，还要保证两件配合的间隙和精度；不仅要完成具有对称度要求的工件划线，掌握加工和测量方法，达到形位公差、表面粗糙度要求，还要保证锉配精度。懂得使用塞尺，使互配零件能正反互换，保证互换间隙。制定工艺路线：坯料→划线→（钻、铰孔）→锯削→锉削→清角修配→去毛刺→检验标识。

### 10.7.3 任务实施

**10.7.3.1 分析图纸，明确要求，制定加工工艺，做好加工前的准备**

**1. 坯料（图 10-46）**

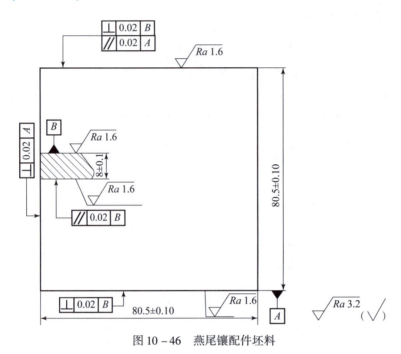

图 10-46 燕尾镶配件坯料

**2. 划线前的准备**

1）检查坯料情况，做必要修整。确定两基准面并做必要修整和标识，使基准面达到图纸技术要求。修整外形尺寸（$80_{-0.05}^{0}$ mm × 80 mm），使之达到图纸相关技术要求。

2）清理工件表面毛刺和杂质，整理划线工具。对部分划线工具做必要调整和校对，清理有关划线工具表面杂质，按要求摆放。

注意：

测量必须准确，并应取其各点实测值的平均值，保证将宽度方向（$80_{-0.05}^{0}$ mm）实际尺寸尽量修整到最大极限尺寸 80 mm，将公差、表面质量等都修整到位，达到图纸技术要求。另一方向尺寸可在 79.5~80 mm，但其他方面此时也应被修整到图纸要求。

### 10.7.3.2 划线（图 10-47）

注意保护已加工完或不再加工的工件表面。

从图纸中可看出，本工件是以中心轴线对称的，所以划线时用对称划线方法。先以 $A$ mm 长划出对称中心线，再以 $A$ 为基准加 $X$ mm、减 $X$ mm 从中间向两边依次划其他线（说明：$A$ 为对称尺寸方向上外形轮廓长度 $B$ 的一半，即 $A = B/2$；$X$ 为对称部分尺寸的一半，即 $X = L/2$）。

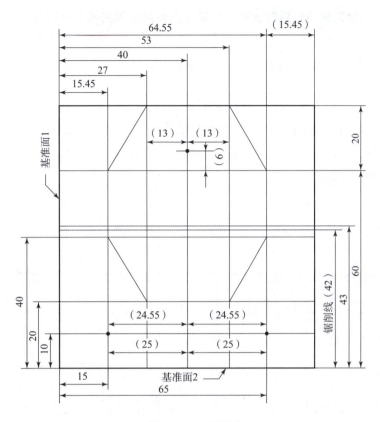

图 10-47 划线

**1. 以基准面 1 为基准进行划线**

（以 $A=40$ mm（中心对称线），$B=80$ mm 为例）。

1) 40 mm（中心对称线），27 mm（40 mm – 13 mm），53 mm（40 mm + 13 mm）（说明：燕尾根部尺寸 $X=13$ mm，由 $L=26_{-0.83}^{0}$ mm 得来）。

2) 15.45 mm（40 mm – 13 mm – 11.55 mm），64.55 mm（40 mm + 13 mm + 11.55 mm）（说明：燕尾顶部尺寸采用了连线划线方法，11.55 mm 尺寸是利用三角函数计算间接所得）。

3) 孔位置的尺寸 15 mm（40 mm – 25 mm），65 mm（40 mm + 25 mm）（说明：两孔的尺寸线 $X=25$ mm，由 $L=50$ mm $\pm 0.15$ mm 得来）。

**2. 以基准面 2 为基准进行划线**

1) 凸件：10 mm（15 mm $\pm 0.15$ mm，说明：孔的中心到基准面 2 的距离），20 mm（凸件台阶面到基准面 2 的距离 $26_{-0.03}^{0}$ mm），40 mm（凸件顶面到基准面 2 的距离 $40_{-0.03}^{0}$ mm）。

2) 分割线 42 mm（说明：因工件技术要求中凹件底面是一个锯削面，不再进行加工，所以划线时此面基本不留余量，37 mm $\pm 0.15$ mm）。

3) 凹件：60 mm（根据图纸相关尺寸计算，凹件燕尾配合底面到顶面距离 20 mm，用 80 mm – 20 mm = 60 mm），43 mm（37 mm $\pm 0.15$ mm，说明：划线时先用高度尺测量一下基准面 2 对立面到基准面 2 的距离 $L=80$ mm，再用 $L-20$ mm = 60 mm 划凹件燕尾底面线）。

**3. 连线**（根据图纸用划针和钢直尺将燕尾斜面部分相关线连接起来）

注意：

①划线前必须严格检查坯料。清理工件表面毛刺和杂质，确定基准面并做修整和标识，整理划线工具等。

②严格按对称图形方法划线。为避免出错，划好线后可在工件轮廓线上每隔 5～10 mm 轻轻地打一个样冲眼，或用记号笔沿工件轮廓线划线，勾勒出工件形状。

③划线时需在工件的两面划线，避免重复划线，连线清晰细腻。

**4. 分割**（图 10-48）

注意保护工件外轮廓侧表面。

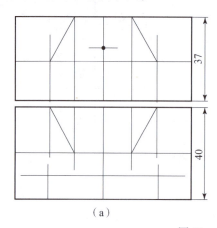 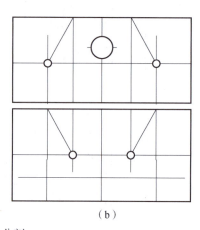

图 10-48 分割

1）锯削加工。沿锯削线偏凹件一边擦线进行锯削，注意锯缝直线度，尽量避免掉头锯削，以免凹件锯削面有交叉痕迹或锯缝错位。

2）锉削加工。锉削凸件锯削面，注意及时正确测量，保证相关尺寸和形位公差。

3）工艺孔的加工。在工件上工艺孔的位置上先打准样冲眼，然后在钻床上用 $\phi 4$ 钻头打工艺孔，并在凹件燕尾位置打一个 $\phi 7.8$ 的锯削工艺孔，如图 10-49（b）所示。

### 10.7.3.3 锯、锉加工凸件（图 10-49）

1）先去掉一角［图 10-49（a）］。用中纹板锉或三角锉粗、半精加工，待余量均匀且较小时，再用细纹三角锉或清角锉刀进行精加工。注意不要锉塌外角，清角时注意内角底部到位。

2）测量。使用万能角度尺测量 60°和 90°角。台阶面尺寸为 20 mm，燕尾顶角线性尺寸采用间接测量，将 $\phi 10$ 的测量棒放在燕尾上一起测量［图 10-49（a）］，通过计算可知测量实际尺寸为 66.67 mm，间接保证燕尾以中心线对称（间接控制尺寸 $26_{-0.03}^{0}$ mm 达到图纸要求）。

3）再去掉另一角［图 10-49（b）］。加工方法、要求同前。台阶面尺寸为 20 mm，燕尾顶角线性尺寸仍采用间接测量，这时用两个 $\phi 10$ 的测量棒放在燕尾两边一起测量，通过计算可知测量实际尺寸为 53.34 mm［图 10-49（b）］，间接保证燕尾以中心线对称。

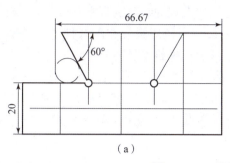
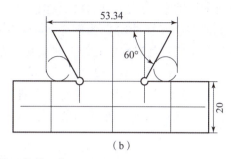

图 10-49 基准件（凸件）加工

#### 10.7.3.4 锯、锉加工凹件（图 10-50）

1）锯削。斜面锯削。先用锉刀在斜面线内侧部分锉一个小台阶面与斜面垂直，注意台阶面不要伤到斜面尖角部分，然后在斜面线内侧 1 mm 左右平行斜面线进行锯削，底面可在相关工艺孔的位置用磨过的窄锯条穿过孔锯削。

2）锉削。粗、半精锉削加工，使各锉削面接近尺寸线，留细锉余量并注意边加工边测量，控制各面形位公差。细锉各面，注意锉削面表面质量。

3）去毛刺，复查。

注意：

①测量前一定要去毛刺并注意两侧尖锐角清角一致，测量尺寸取正公差值。

②为达到较好的互换性及间隙均匀，凹件两侧 60°角、长度尺寸应一致。

③底面深度尺寸的大小直接影响到整个配合间隙和错位量，同时注意安全文明实习。

#### 10.7.3.5 修配、钻孔

注意保护已加工好的表面。

**1. 修配**

以凸件为基准对凹件进行修整配合（图 10-51）。

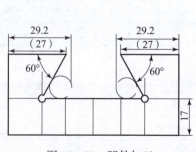

图 10-50 凹件加工

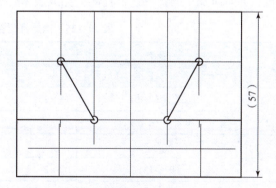

图 10-51 修配

**2. 孔的加工（图 10-52）**

1）划线［图 10-52（a）］。待工件修配合格后配合好，在凸件上孔的相应位置十字交

149

线上先打准样冲眼,注意此时样冲眼深度要合适,以圆规划线时定脚不滑动为准,再分别以凸件上孔的中心(样冲眼)为圆心、46.32 mm 长为半径用圆规在配合件上凹件部分划圆弧,注意两个圆弧与对称中心线三线相交一点,最后正确打上样冲眼。

2) 钻、铰孔 [图 10-52 (b)]。调整好转速,清理钻床工作台面和夹具(一般用平口钳),正确夹紧工件。先用 $\phi 4$ 的钻头分别打一个底孔,接着用 $\phi 7.8$ 的钻头扩孔,再用 $\phi 8$ 的铰刀铰孔,最后卸下工件用 $\phi 12$ 的钻头正反面对孔进行倒角,要求是 $C0.5$。清理孔内杂质。

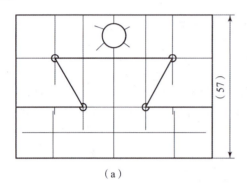 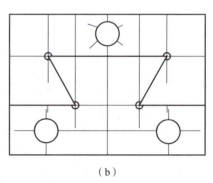

图 10-52 孔的加工

#### 10.7.3.6 倒角、去毛刺等

去毛刺,倒角,复查全部精度,并做标识、擦油、上交评分。将工、量、刃具擦拭干净,按要求放置整齐;将工件标识并按规定存放;将钳工台面打扫干净;将工作场所打扫干净,切断电源。

#### 10.7.4 任务总结

通过本任务的训练,掌握燕尾镶配对称件加工中要注意的问题:燕尾的测量与加工、加工工艺及有关知识、如何进行修整配合、加工过程中有哪些技巧、在后面的加工中如何进行改进,并对所加工的工件进行检测,完成表 10-25。

表 10-25 燕尾镶配件制作任务评价

| 序号 | 检测内容与技术要求 | 配分 | 评分标准 | 学生自评 | 小组互评 | 教师评价 |
|---|---|---|---|---|---|---|
| 1 | $80_{-0.05}^{0}$ (2 处) | 3×2 | 超差1处扣3分 | | | |
| 2 | $20_{-0.03}^{0}$ (2 处) | 4×2 | 超差1处扣4分 | | | |
| 3 | $26_{-0.03}^{0}$ | 4 | 超差全扣 | | | |
| 4 | $60° \pm 4'$ | 3×2 | 超差1处扣3分 | | | |
| 5 | 对称度≤0.04 | 4 | 超差全扣 | | | |
| 6 | $Ra\ 3.2$ (15 处) | 1×15 | 超差1处扣1分 | | | |
| 7 | $3 \times \phi 10H7$ | 1×3 | 超差1处扣1分 | | | |

续表

| 序号 | 检测内容与技术要求 | 配分 | 评分标准 | 学生自评 | 小组互评 | 教师评价 |
|---|---|---|---|---|---|---|
| 8 | 10±0.15（2处） | 4×2 | 超差一处扣4分 | | | |
| 9 | 孔内 Ra 1.6（3处） | 1×3 | 超差一处扣1分 | | | |
| 10 | 50±0.15 | 2 | 超差全扣 | | | |
| 11 | 46.32±0.15（2处） | 2×2 | 超差一处扣2分 | | | |
| 12 | 37±0.15 | 3 | 超差全扣 | | | |
| 13 | 锯削面形位精度 | 3 | 超差全扣 | | | |
| 14 | 锯削面 Ra 12.5 | 2 | 超差全扣 | | | |
| 15 | 两侧错位量≤0.06 | 4 | 超差全扣 | | | |
| 16 | 配合间隙≤0.06（5处） | 3×5 | 超差一处扣3分 | | | |
| 17 | 安全文明生产 | 10 | 违者全扣 | | | |

### 10.7.5　案例拓展——燕尾弧样板副制作

燕尾弧样板副制作零件如图 10–53 所示。

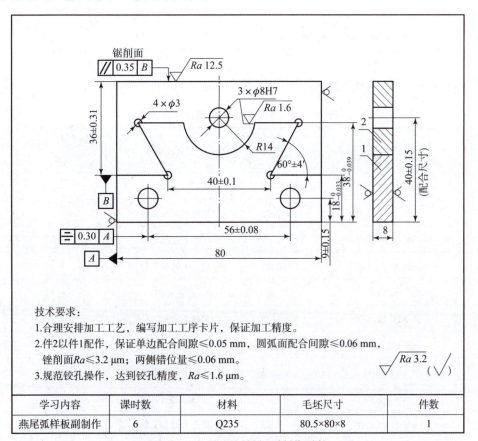

技术要求：
1. 合理安排加工工艺，编写加工工序卡片，保证加工精度。
2. 件2以件1配作，保证单边配合间隙≤0.05 mm，圆弧面配合间隙≤0.06 mm，锉削面 Ra≤3.2 μm；两侧错位量≤0.06 mm。
3. 规范铰孔操作，达到铰孔精度，Ra≤1.6 μm。

| 学习内容 | 课时数 | 材料 | 毛坯尺寸 | 件数 |
|---|---|---|---|---|
| 燕尾弧样板副制作 | 6 | Q235 | 80.5×80×8 | 1 |

图 10–53　燕尾弧样板副制作零件

## 10.7.5.1 根据给定的图样（燕尾弧样板副制作），列出加工该零件所需要的工量具名称及规格（表10-26）

表10-26 工量具准备

| 序号 | 类别 | 名称与规格 | 数量 |
| --- | --- | --- | --- |
| 1 | 工具 | | |
| 2 | 量具 | | |

## 10.7.5.2 写出工件加工的主要步骤（表10-27）

表10-27 工件加工的主要步骤

| 步骤序号 | 加工内容 | 步骤序号 | 加工内容 |
| --- | --- | --- | --- |
| | | | |
| | | | |
| | | | |
| | | | |
| | | | |

## 10.7.5.3 按照图样进行加工

## 10.7.5.4 零件检测，并完成表10-28

表10-28 燕尾弧样板副制作任务评价

| 序号 | 检测内容与技术要求 | 配分 | 评分标准 | 学生自评 | 小组互评 | 教师评价 |
| --- | --- | --- | --- | --- | --- | --- |
| 1 | 80 | 4 | 超差全扣 | | | |
| 2 | $18_{-0.033}^{0}$（2处） | 2×2 | 超差1处扣2分 | | | |
| 3 | $38_{-0.039}^{0}$（2处） | 2×2 | 超差1处扣2分 | | | |
| 4 | 40±0.1（2处） | 2×2 | 超差1处扣2分 | | | |
| 5 | 60°±4′ | 4 | 超差全扣 | | | |
| 6 | R14（2处） | 3×2 | 超差1处扣3分 | | | |
| 7 | Ra 3.2（20处） | 0.5×20 | 超差1处扣0.5分 | | | |
| 8 | 3×φ8H7 | 2×3 | 超差1处扣2分 | | | |
| 9 | 56±0.08 | 4 | 超差全扣 | | | |
| 10 | Ra 1.6（3处） | 1×3 | 超差1处扣1分 | | | |

续表

| 序号 | 检测内容与技术要求 | 配分 | 评分标准 | 学生自评 | 小组互评 | 教师评价 |
|---|---|---|---|---|---|---|
| 11 | ⌯ 0.30 A | 4 | 超差全扣 | | | |
| 12 | ∥ 0.35 B | 4 | 超差全扣 | | | |
| 13 | 36±0.31 | 5 | 超差全扣 | | | |
| 14 | 40±0.15 | 5 | 超差全扣 | | | |
| 15 | 9±0.15 | 5 | 超差全扣 | | | |
| 16 | Ra 12.5 | 2 | 超差全扣 | | | |
| 17 | 两侧错位量≤0.06 | 6 | 超差全扣 | | | |
| 18 | 单边配合间隙≤0.05 | 2×4 | 超差1处扣2分 | | | |
| 19 | 圆弧面配合间隙≤0.06 | 2 | 超差全扣 | | | |
| 20 | 安全文明生产 | 10 | 违者全扣 | | | |

# 参考文献

［1］王琪，陈晓杰．钳工技能训练［M］．南京：江苏凤凰教育出版社，2018．
［2］翟善明，王高武．钳工工艺与技能训练［M］．南京：江苏教育出版社，2017．
［3］钱志芳．机械制图［M］．南京：江苏教育出版社，2010．
［4］朱仁盛，朱劲松．机械常识与钳工实训［M］．北京：机械工业出版社，2010．
［5］赵孔祥，王宏．钳工工艺与技能训练［M］．南京：江苏教育出版社，2010．
［6］杨冰，温上樵．金属加工与实训——钳工实训［M］．北京：机械工业出版社，2010．
［7］闻健萍．金属加工与实训———钳工实训［M］．北京：高等教育出版社，2010．
［8］闻健萍．钳工技能训练［M］．北京：高等教育出版社，2005．
［9］王琪．钳工实习与考级［M］．北京：高等教育出版社，2004．
［10］徐冬元．钳工工艺与技能训练［M］．2版．北京：高等教育出版社，1998．
［11］江苏省机械工业厅．钳工操作技能考核试题库［M］．2版．北京：机械工业出版社，1998．